Claire Fabre

Dérégulation de l'apoptose au cours des syndromes
myélodysplasiques

Claire Fabre

# Dérégulation de l'apoptose au cours des syndromes myélodysplasiques

## Implication de la voie de signalisation de NFKB

Presses Académiques Francophones

**Impressum / Mentions légales**
Bibliografische Information der Deutschen Nationalbibliothek: Die Deutsche Nationalbibliothek verzeichnet diese Publikation in der Deutschen Nationalbibliografie; detaillierte bibliografische Daten sind im Internet über http://dnb.d-nb.de abrufbar.
Alle in diesem Buch genannten Marken und Produktnamen unterliegen warenzeichen-, marken- oder patentrechtlichem Schutz bzw. sind Warenzeichen oder eingetragene Warenzeichen der jeweiligen Inhaber. Die Wiedergabe von Marken, Produktnamen, Gebrauchsnamen, Handelsnamen, Warenbezeichnungen u.s.w. in diesem Werk berechtigt auch ohne besondere Kennzeichnung nicht zu der Annahme, dass solche Namen im Sinne der Warenzeichen- und Markenschutzgesetzgebung als frei zu betrachten wären und daher von jedermann benutzt werden dürften.

Information bibliographique publiée par la Deutsche Nationalbibliothek: La Deutsche Nationalbibliothek inscrit cette publication à la Deutsche Nationalbibliographie; des données bibliographiques détaillées sont disponibles sur internet à l'adresse http://dnb.d-nb.de.
Toutes marques et noms de produits mentionnés dans ce livre demeurent sous la protection des marques, des marques déposées et des brevets, et sont des marques ou des marques déposées de leurs détenteurs respectifs. L'utilisation des marques, noms de produits, noms communs, noms commerciaux, descriptions de produits, etc, même sans qu'ils soient mentionnés de façon particulière dans ce livre ne signifie en aucune façon que ces noms peuvent être utilisés sans restriction à l'égard de la législation pour la protection des marques et des marques déposées et pourraient donc être utilisés par quiconque.

Coverbild / Photo de couverture: www.ingimage.com

Verlag / Editeur:
Presses Académiques Francophones
ist ein Imprint der / est une marque déposée de
AV Akademikerverlag GmbH & Co. KG
Heinrich-Böcking-Str. 6-8, 66121 Saarbrücken, Deutschland / Allemagne
Email: info@presses-academiques.com

Herstellung: siehe letzte Seite /
Impression: voir la dernière page
**ISBN: 978-3-8381-7876-9**

# RESUME

Les syndromes myélodysplasiques (SMD) constituent un groupe hétérogène et fréquent d'hémopathies clonales de la cellule souche hématopoïétique. Leur physiopathologie est complexe et reste à ce jour mal connue. L'hypothèse d'une dérégulation de l'apoptose a été évoquée, afin d'expliquer le maintien et le développement du clone myélodysplasique, puis son évolution possible en leucémie aiguë myéloïde (LAM), phénomène appelé transformation. Les SMD se caractérisent donc par une hématopoïèse inefficace, conduisant à des cytopénies et par un risque de transformation leucémique. Au sein des différents types de SMD, nous nous sommes intéressés aux formes de haut risque, caractérisées par un pronostic péjoratif, du fait d'une transformation leucémique quasi-constante et d'une survie médiane limitée à quelques mois. Les possibilités thérapeutiques de ces formes sont très limitées.

Des travaux antérieurs du laboratoire [1] ont montré que le facteur de transcription NF-κB joue un rôle dans la dérégulation apoptotique au cours des SMD. On observe une apoptose intra-médullaire excessive dans les formes de faible risque, alors qu'elle est réduite dans les formes de haut risque. Il a été montré que les cellules médullaires CD34+ de SMD de haut risque présentent une activation constitutive de NF-κB. L'inhibition de NF-κB pourrait ainsi constituer une cible thérapeutique potentielle dans les SMD et prévenir l'évolution vers des formes de haut risque et des LAM.

Dans un premier travail *(Inhibition of NEMO, the regulatory subunit of the IKK complex, induces apoptosis in high-risk myelodysplastic syndrome and acute myeloid leukaemia. Oncogene. 2007. 26(16) : 2299-307)* [2], nous avons étudié le mécanisme d'activation de NF-κB dans les SMD de haut risque. Nous avons plus particulièrement étudié l'effet de peptides antagonistes d'IKKγ/NEMO, NEMO étant la sous-unité régulatrice du complexe IKK. Nous avons utilisé un peptide antagoniste d'IKKγ/NEMO, appelé peptide NEMO, obtenu par fusion d'une séquence le rendant perméable à la membrane plasmique et d'une région mimant un sous-domaine du domaine minimal d'oligomérisation de NEMO. Sur le plan fonctionnel, ce peptide inhibe l'oligomérisation de NEMO, en mimant le site de liaison des différentes sous-unités IKKγ, et inhibe donc la voie de signalisation de NF-κB. *In vitro*, sur des lignées cellulaires de SMD de haut risque (P39, MOLM13) et de LAM (MV4-11, THP1), nous montrons que le peptide NEMO exerce un effet pro-apoptotique. Ce peptide induit une mort apoptotique indépendante de l'activation des caspases, s'accompagnant d'une chute du potentiel transmembranaire mitochondrial, d'une perméabilisation de la membrane mitochondriale externe avec la libération de protéines pro-apoptotiques, cytochrome *c*, apoptosis inducing factor (AIF) et endonucléase G. Ce peptide régule aussi négativement les gènes-cibles de NF-κB, impliqués dans l'apoptose, tels que c-IAP2 (Cellular Inhibitors of APoptosis 2) et Bcl-$X_L$ Les effets pro-apoptotiques du peptide NEMO obtenus *in vitro* ont été confirmés par des études *ex vivo* sur des cellules CD34+ de patients atteints de SMD de haut risque et de LAM.

**L'intérêt de ce premier travail est de caractériser les voies de signalisation moléculaire conduisant à l'activation constitutive de NF-κB dans les SMD de haut risque. Il met en évidence le rôle-clef d'IKKγ/NEMO dans cette activation. Ces résultats pourraient conduire au développement de thérapies ciblées, inhibant spécifiquement l'oligomérisation d'IKKγ/NEMO dans les SMD de haut risque et les LAM.**

Dans un deuxième travail *(NF-κB inhibition sensitizes to starvation-induced cell death in high-risk myelodysplastic syndrome and acute myeloid leukaemia. Oncogene. 2007. 26(28) : 4071-83)* [3], nous avons cherché à déterminer si l'inhibition de NF-κB exerçait un rôle chimiosensibilisant dans le traitement des SMD. En association à différents agents de chimiothérapie, anthracyclines (daunorubicine, mitoxantrone), inhibiteurs de topoisomérase I (camptothécine) ou agents déméthylants (5-Azacytidine), nous n'avons pas observé de synergie avec les inhibiteurs de NF-κB. Nous avons alors testé l'association de l'inhibition de NF-κB et de la privation en nutriments, situation particulière de stress activant l'autophagie. Dans ce travail, nous avons donc été amenés à étudier les interactions entre autophagie et NF-κB au cours des SMD. Nous avons utilisé un inhibiteur biochimique, inhibiteur de la phosphorylation d'IκB, le BAY 11-7082. Nous observons que l'inhibition de NF-κB par le BAY 11-7082 sensibilise les cellules de SMD de haut risque (P39, MOLM13) et de LAM (U937) à la mort cellulaire induite par la privation en nutriments. La mort apoptotique observée se caractérise par une chute précoce du potentiel transmembranaire mitochondrial, la libération de protéines pro-apoptotiques, cytochrome *c*, apoptosis inducing factor (AIF) et endonucléase G, avec l'activation de la caspase 3. Cet effet est aussi confirmé *ex vivo* sur des cellules CD34+ de patients atteints de SMD de haut risque ou de LAM. La sensibilisation des cellules de SMD à l'apoptose induite par la privation en nutriments a été confirmée, après invalidation par des siRNA spécifiques des différentes sous-unités α, β, γ, du complexe IKK. L'addition de sérum, d'insuline ou d'insulin-like growth factor-I (IGF-I) retarde la mort cellulaire induite par l'association du BAY 11-7082 et de la privation en nutriments. De même, l'ajout de glucose ou de pyruvate, protège partiellement de la mort cellulaire. Ces résultats

4

démontrent que la conjonction de facteurs trophiques sériques et de facteurs énergétiques participe à la sensibilisation à la mort, observée en combinant l'inhibition de NF-κB et la privation en nutriments. En microscopie électronique, nous visualisons des vacuoles autophagiques précoces (autophagosomes) et tardives (autolysosomes), dans le cytoplasme des cellules, avant la survenue de l'apoptose. La mort cellulaire observée lors de la combinaison de la privation en nutriments et de l'inhibition de NF-κB, n'est ni inhibée par un inhibiteur pan-caspase z-VAD-fmk, ni par l'invalidation spécifique par des siRNA d'AIF ou des principaux constituants de la voie de signalisation autophagique (ATG6/Beclin 1).

**L'intérêt de ce deuxième travail est d'identifier une fonction nouvelle de NF-κB dans la régulation du métabolisme énergétique, dans les cellules de SMD et de LAM. L'autophagie est une réponse adaptative au stress de privation en nutriments, suivie d'une mort par apoptose. Ces résultats pourraient conduire à étudier le rôle de l'autophagie et de ses interactions avec l'apoptose, au cours des SMD.**

# SOMMAIRE

15

# ● MATERIEL ET METHODES  P.108

# ● RESULTATS  P.116

# ● DISCUSSION ET PERSPECTIVES P.127

# ● TABLES P.147

# ● FIGURES P.159

# LISTE DES ABREVIATIONS

| | |
|---|---|
| **ADN** | Acide DésoxyriboNucléique |
| **AIF** | Apoptosis Inducing Factor |
| **Apaf-1** | Apoptotic Protease-Activating Factor-1 |
| **AR** | Anémie Réfractaire |
| **ARD** | Ankyrin Rich Domain |
| **AREB (-1 et -2)** | Anémie Réfractaire avec Excès de Blastes (-1 et -2) |
| **AREB-t** | Anémie Réfractaire avec Excès de Blastes en transformation |
| **ARNm** | Acide RiboNucléique messager |
| **ARS** | Anémie Réfractaire avec Sidéroblastes en couronne |
| **ASIA** | Anémie Sidéroblastique Acquise |
| **ATCC** | American Type Cell Collection |
| **ATG** | Autophagy-Related Genes |
| **ATM** | Ataxia Telangiectasia Mutated |
| **AZA** | 5-Azacytidine |
| **BAFF** | B-cell-Activating Factor of the TNF Family |
| **BCL-3** | B-Cell Leukaemia/Lymphoma 3 |
| **bFGF** | Basic Fibroblast Growth Factor |
| **BFU-E** | Burst Forming Unit-Erythroid |
| **BH** | Bcl-2 Homology domain |
| **BIR** | Baculoviral IAP Repeat |
| **CARD** | CAspase Recruitment Domain |
| **Caspase** | Cysteine Aspartyl-Specific Proteases |
| **CBP** | CREB-Binding Protein |
| **CC** | Coil-Coiled |
| **CDK4** | Cyclin-Dependent Kinase-4 |
| **CD40L** | CD40 Ligand |

| | |
|---|---|
| **c-FLIP** | c-FLICE-Inhibitory Protein |
| **CFU-E** | Colony Forming Unit-Erythroid |
| **c-IAP** | Cellular Inhibitors of APoptosis |
| **CRDM** | Cytopénie Réfractaire avec Dysplasie Multilignée |
| **CRDM-RS** | CRDM avec Sidéroblastes en couronne |
| **CREB** | Cyclic-AMP Responsive Element Binding |
| **Crs** | Crimsonless |
| **Cyt $c$** | Cytochrome $c$ |
| **$\Delta\psi_m$** | Potentiel de membrane mitochondrial |
| **DAC** | 5 Aza-2'-Deoxycytidine |
| **DAPI** | 4', 6-DiAminidino-2-Phényl Indole |
| **DD** | Death Domain |
| **DIOC $_6$ (3)** | 3, 3' DIhexylOxaCarbocyanine iodide |
| **DISC** | Death-Inducing Signaling Complex |
| **DNMTI** | Inhibiteurs de DNA méthyltransférases |
| **DSMZ** | Deutsche Sammlung von Mikroorganismen und Zellkulturen GmbH |
| **EBSS** | Earle's Balanced Salt Solution |
| **EDTA** | Ethylène Diamine Tetraacetic Acid |
| **EMSA** | Electrophoretic Mobility Shift Assay |
| **Endo G** | Endonucléase G |
| **EPO** | Erythropoïétine |
| **EVI-1** | Ecotropic Virus Integration Site 1 |
| **FAB** | French-American-British (Classification) |
| **FADD** | Fas-Associated Death Domain |
| **FasL** | Fas Ligand |
| **FISH** | Fluorescence *In Situ* Hybridization |
| **FLICE** | FADD-Like IL-1β-Converting Enzyme |
| **FLIP** | FADD-Like IL-1β-Converting Enzyme-like Protease |

| | |
|---|---|
| **GAPDH** | GlycérAldéhyde-3-Phosphate DéHydrogénase |
| **G-CSF** | Granulocyte Colony-Stimulating Factor |
| **GFP** | Green Fluorescent Protein |
| **GM-CSF** | Granulocyte-Macrophage Colony-Stimulating Factor |
| **GRR** | Glycine Rich Region |
| **GSST1** | Glutathione Transférase Théta 1 |
| **HDACI** | Inhibiteurs d'Histone déacétylases |
| **HIF-1, -2α** | Hypoxia Inducible Factor-1, -2α |
| **HLH** | Helix-Loop-Helix |
| **HTLV-1** | Human T Lymphocytic leukemia Virus-1 |
| **IAP** | Inhibitor of Apoptosis Protein |
| **ICAD** | Inhibitor of Caspase-Activated DNase |
| **IFN** | Interferon |
| **IGF-I** | Insulin-like Growth Factor-I |
| **IκB** | Inhibitor of κB |
| **IκB-SR** | IκBα super-répresseur |
| **IKK** | Inhibitor of IκB Kinase |
| **IL** | Interleukine |
| **IMDM** | Iscove Modified Dulbecco Medium |
| **IPSS** | International Prognostic Scoring System |
| **IRAK** | IL-1R-Associated Kinase |
| **IRF** | Interferon Regulator Factor |
| **IRS-1** | Insulin-Receptor Substrate-1 |
| **ISCN** | International System for Human Cytogenetic Nomenclature |
| **ISEL** | *In Situ* End Labeling |
| **KSHV** | Kaposi's Sarcoma-associated Herpes Virus |
| **LAM** | Leucémie Aiguë Myéloïde |
| **LC3** | Microtubule-associated protein 1 light chain 3 |

| | |
|---|---|
| **LGL** | Large Granular Lymphocytes |
| **LMC** | Leucémie Myéloïde Chronique |
| **LMMC** | Leucémie Myélo-Monocytaire Chronique |
| **LMP-1** | Latent Membrane Protein-1 du virus EBV |
| **LPS** | LipoPolySaccharide |
| **LTβ** | Lymphotoxine β |
| **LZ** | Leucine Zipper |
| **MAPK** | Mitogen Activated Protein Kinases |
| **MCSF-R** | Macrophage Colony- Stimulating Factor Receptor |
| **MEKK** | MAP/Extracellular signal-regulated Kinase Kinase |
| **MMP** | Matrix MétalloProtéinases |
| **mTOR** | Mammalian Target Of Rapamycin |
| **NBD** | NEMO Binding Domain |
| **NES** | Nuclear Export Sequence |
| **NF1** | Neurofibromatose 1 |
| **NF-κB** | Nuclear Factor-κB |
| **NEMO** | NF-κB Essential Modulator |
| **NGF** | Nerve Growth Factor |
| **NIK** | NF-κB Inducing Kinase |
| **NLS** | Nuclear Localization Sequence |
| **NOS** | Nitric Oxide Synthase |
| **NPM** | Nucléophosmine |
| **NQO1** | NADPH Quinone Oxyréductase 1 |
| **Omi/HtrA2** | Omi stress-regulated endoprotease/high temperature requirement protein A2 |
| **OMS** | Organisation Mondiale de la Santé (Classification) |
| **PARP** | Poly(ADP-Ribose) Polymerase |
| **PDGFR-β** | Platelet-Derived-Growth Factor Receptor-β |

| | |
|---|---|
| **P-gp** | P-glycoprotéine |
| **PBR** | Récepteur périphérique des benzodiazépines |
| **PEST** | Domain rich in Proline (P), Glutamate (E), Serine (S), Threonine (T) |
| **PI** | Propidium Iodide |
| **PID-DD** | Processing Inhibitory Domain Death Domain |
| **REL** | ReticuloEndotheLiosis |
| **RHD** | Rel-Homology Domain |
| **RIP1** | Receptor Interacting Protein 1 |
| **ROCK1** | Rho Kinase 1 |
| **ROS** | Reactive Oxygen Species |
| **RPMI** | Roswell Park Memorial Institute |
| **SAHA** | Suberoylanilide Hydroxamic Acid |
| **SCF** | Stem Cell Factor |
| **SDS** | Sodium Dodecyl Sulfate |
| **siRNA** | RNA interférence |
| **SMAC** | Second Mitochondria-derived Activator of Caspase |
| **SMD** | Syndrome MyéloDysplasique |
| **STAT5** | Signal Transducer And Activator of Transcription 5 |
| **TAB** | TAK1 binding protein |
| **TAD** | Transcriptional Activation Domain |
| **TAK1** | Transforming Growth Factor-$\beta$-activated kinase-1 |
| **TCR** | T-Cell Receptor |
| **TGF-$\beta$** | Transforming Growth Factor-$\beta$ |
| **TLR** | Toll-Like Receptor |
| **TNF-$\alpha$** | Tumor Necrosis Factor-$\alpha$ |
| **TRADD** | TNFR1-Associated Death Domain protein |
| **TRAF** | TNF Receptor-Associated Factor |
| **TRAIL** | TNF-Related Apoptosis Inducing Ligand |

| | |
|---|---|
| **TUNEL** | Terminal Deoxynucleotide Transferase Incorporation of Nucleotides on 3' Ends of DNA |
| **UBD** | Ubiquitine Binding Domain |
| **VEGF** | Vascular Endothelial Growth Factor |
| **VIH** | Virus de l'immunodéficience humaine |
| **z-VAD-fmk** | *N*-benzyloxycarbonyl-Val-Ala-Asp-fluorométhylkétone |
| **ZF** | Zinc Finger |

# INTRODUCTION

## A. SYNDROMES MYELODYSPLASIQUES (SMD)

## I. Définition

Les syndromes myélodysplasiques (SMD) constituent un groupe hétérogène d'hémopathies clonales acquises de la cellule souche hématopoïétique pluripotente. Ils se caractérisent par une hématopoïèse inefficace, conduisant à des cytopénies périphériques (anémie, leucopénie, thrombopénie) et par un risque de transformation en leucémie aiguë myéloïde (LAM), survenant dans environ 30 % des cas [4].

L'hématopoïèse des SMD comprend une prolifération anormale des progéniteurs hématopoïétiques médullaires, accompagnée d'une différenciation et d'une maturation cellulaires altérées. Elle est qualifiée « d'inefficace », pour désigner le paradoxe d'une moelle osseuse hypercellulaire avec signes de dysplasie et d'un sang circulant « pauvre ».

Les SMD de l'adulte surviennent le plus souvent *de novo,* sans facteur causal identifié (80 % des cas). Ils sont plus rarement secondaires, liés à l'utilisation d'agents génotoxiques (benzène, agents de chimiothérapie, radiothérapie) [5] [6] ou en rapport avec des facteurs environnementaux tels que le tabac, l'exposition aux métaux lourds, pesticides, engrais, hydrocarbures aromatiques et agents chimiques organiques [7] [8] [9].

## II. Epidémiologie

Les SMD représentent l'hémopathie maligne la plus fréquente chez le sujet âgé, avec un âge médian au diagnostic de 70 ans [10] [11] [11] [12] [13] [14] [15]. L'incidence est corrélée à l'âge, de 3-15 cas/100000 habitants/an, entre 50 et 70 ans, à 15-50 cas/100000 habitants/an, après 70 ans. Seulement 8 à 10 % des patients ont moins de 50 ans au moment du diagnostic. Les SMD de l'enfant sont rares et surviennent le plus souvent dans un contexte familial. Les caractéristiques de ces formes pédiatriques sont aussi spécifiques, tant du point de vue clinique (rareté de certains types de SMD), que de point de vue cytogénétique (fréquence de certaines anomalies, notamment celles du chromosome 7). Du fait d'un allongement de l'espérance de vie et d'un meilleur diagnostic des cas de SMD, certains suggèrent une augmentation future de l'incidence [16], donnée qui est cependant controversée [14] [17]. Le sexe *ratio* des SMD est de 1.5 à 2 avec une prédominance masculine des cas.

### III. Classifications

Les SMD, groupe hétérogène d'hémopathies, ont été classés sur la base de critères cytologiques morphologiques, en fonction du degré d'infiltration médullaire blastique et du pourcentage de blastes sanguins circulants. Ces différents paramètres ont conduit à l'établissement de classifications de référence. La classification FAB (French-American British), proposée en 1982, est détaillée dans le **TABLEAU N°1.** Le diagnostic de SMD est porté quand le patient présente moins de 30 % de blastes dans la moelle osseuse et le sang circulant, avec des signes manifestes d'hématopoïèse inefficace [18] [19]. Le diagnostic de LAM est porté si plus de 30 % de blastes sont présents. La classification OMS (Organisation Mondiale de la Santé), publiée plus récemment en 1999, est détaillée dans le **TABLEAU N°2.** Cette nouvelle classification abaisse le pourcentage de blastes de 30 à 20 %, en se basant sur la similitude de l'histoire naturelle et de la réponse à la chimiothérapie des anémies réfractaires avec excès de blastes en transformation (AREB-t) (entre 20-30 % de blastes) et des LAM [20] [21] [22] [23] [18].

## IV. Pronostic

Le risque de transformation leucémique ou acutisation et la survie globale peuvent être appréciés pour un patient donné, atteint de SMD. L'évaluation de ce risque prend en compte le nombre et l'importance des cytopénies sanguines, le degré d'infiltration médullaire blastique (évalué en pourcentage) et les anomalies cytogénétiques médullaires [24] [25] [26] [27]. Ces trois facteurs sont combinés en un score pronostique appelé IPSS (International Prognostic Scoring System) [28]. Ce score pronostique permet ainsi d'individualiser quatre sous-groupes de patients, précisés dans le **TABLEAU N°3.** On distingue les SMD de score faible et intermédiaire 1 (Int-1), dits SMD de faible risque et les SMD de score intermédiaire 2 (Int-2) et élevé, dits SMD de haut risque. La **FIGURE N°1** représente les courbes de survie globale et de transformation leucémique, pour ces quatre sous-groupes de SMD, chez des patients non traités, au moment du diagnostic. Les détails des groupes pronostiques cytogénétiques et du calcul du score IPSS, sont indiqués dans les **TABLEAUX N°4 et N°5** respectivement.

## V. Hypothèses physiopathologiques

La contre-partie pathologique myélodysplasique de la cellule souche hématopoïétique normale est mal caractérisée sur le plan immunophénotypique. Les cellules progénitrices médullaires porteuses du marqueur de clonalité CD34+, sont assimilées à la cellule souche myélodysplasique.

La physiopathologie des SMD est complexe et reste à ce jour mal connue. Elle pourrait faire appel à de nombreux mécanismes biologiques, tels que l'instabilité génomique, des modifications épigénétiques, des anomalies des voies de transduction du signal, une dérégulation de l'apoptose, une dérégulation de la réponse immunitaire et la participation du micro-environnement médullaire. Des anomalies moléculaires, liées ou non à des anomalies cytogénétiques, et plus rarement des translocations chromosomiques, ont été associées aux SMD. Ces différentes hypothèses physiopathologiques seront exposées succinctement, l'hypothèse d'une dérégulation de l'apoptose, privilégiée au cours de ma thèse, sera plus longuement exposée. La **FIGURE N°2** illustre les différentes hypothèses actuellement retenues pour expliquer la physiopathologie des SMD.

### 1) Instabilité génomique

Des études cytogénétiques et d'inactivation du chromosome X ont montré que les SMD présentent une mutation somatique primitive de la cellule souche hématopoïétique, confirmant le caractère clonal de cette hémopathie [29] [30]. Cependant, les anomalies cytogénétiques observées au cours des SMD, pourraient être acquises [30] [31]. Néanmoins, l'instabilité génomique, qu'elle constitue un événement primitif ou secondaire, joue un rôle important dans la physiopathologie des SMD, comme en atteste la

31

fréquence des anomalies cytogénétiques observées. Dans l'anémie de Fanconi, maladie à transmission autosomique récessive, caractérisée par une instabilité chromosomique, les enfants présentent un risque important de développer des SMD et des LAM. Les protéines de l'anémie de Fanconi interagissent avec des protéines de réparation de l'acide désoxyribonucléique (ADN) (Ataxia Telangiectasia Mutated (ATM), BRCA1 et BRCA2) [32]. Cette maladie illustre le lien entre l'instabilité génomique et certains types de SMD. Des déficits en enzymes anti-oxydantes, telles que la glutathione transférase théta 1 (GSST1) et la NADPH quinone oxyréductase 1 (NQO1), mises en jeu au cours du métabolisme des toxines et des carcinogènes, sont associés à une incidence accrue de SMD [33] [34] [35]. Ces situations illustrent le lien entre l'altération de la réponse au stress oxydatif, avec création de dommages de l'ADN, et la survenue de SMD. L'instabilité génomique met aussi en jeu le rôle des télomères et de l'enzyme télomérase. L'attrition télomérique conduit à un raccourcissement des chromosomes et à une instabilité chromosomique. Ce phénomène, qui se produit physiologiquement à chaque cycle de division cellulaire, serait amplifié au cours des SMD. L'attrition télomérique est un facteur de mauvais pronostic des SMD, corrélée au degré d'infiltration médullaire [36] [37] [38] [39].

### 2) Modifications épigénétiques

Les modifications épigénétiques, modifications de l'expression génique liées à des changements de la structure chromatinienne et/ou de la méthylation de l'ADN [40], participent à la physiopathologie des SMD. La méthylation des îlots CpG, situés dans la région du promoteur de certains gènes, conduit à leur inactivation fonctionnelle. p15$^{INK4B}$ est un inhibiteur de kinases dépendant des cyclines, qui régule l'entrée en phase G1 du cycle cellulaire. L'hyperméthylation du promoteur de ce gène, observée dans 30-50 % des SMD, est corrélée au degré d'infiltration médullaire blastique [41] [42] et au risque de transformation leucémique, constituant ainsi un facteur pronostique [41] [43] [44] [45] [46]. Plus généralement, d'autres gènes sont fréquemment méthylés et inactivés au cours des hémopathies myéloïdes, tels que les gènes codant pour l'E-Cadhérine, RARβ et SOCS-1 [47] [48] [49] [50] [51] [52]. L'activité d'agents inhibiteurs des enzymes DNA méthyltransférases, 5-Azacytidine [53] et 5 Aza-2'-Deoxycytidine [54] [55] dans le traitement des SMD, souligne l'importance du statut de méthylation de certains gènes dans la physiopathologie des SMD.

### 3) Anomalies des voies de transduction du signal

#### a) Voie de l'EPO et des facteurs de croissance

L'hématopoïèse inefficace, caractéristique des SMD, a conduit à l'étude des voies de signalisation de l'érythropoïétine (EPO) et d'autres facteurs de croissance (G-CSF (Granulocyte Colony-Stimulating Factor), GM-CSF (Granulocyte-Macrophage Colony-Stimulating Factor), thrombopoïétine). La mise en culture de cellules médullaires de patients myélodysplasiques, en présence d'EPO, conduit à la formation de colonies érythroïdes (BFU-E (Burst Forming Unit-Erythroid) et CFU-E (Colony Forming Unit-Erythroid)) en nombre réduit, par comparaison aux cellules médullaires normales [56] [57]. Ce défaut de croissance serait lié à une insensibilité aux cytokines hématopoïétiques, alors que l'expression et la fonction du récepteur de l'EPO sont conservées. La signalisation de l'EPO implique une cascade complexe, depuis la liaison de l'EPO à son récepteur, l'activation de la kinase JAK2 [58] [59], à la phosphorylation activatrice de tyrosines en aval, comme Signal Transducer And Activator of

Transcription 5 (STAT5). L'activation de STAT5 serait altérée au cours des SMD [60], suggérant que la voie de l'EPO puisse jouer un rôle dans la physiopathologie des SMD [61]. D'autres facteurs de croissance pourraient être impliqués dans la physiopathologie des SMD. La production de radicaux libres oxygénés par les polynucléaires neutrophiles, en réponse au G-CSF ou GM-CSF, serait altérée chez les patients myélodysplasiques [62]. Enfin, la signalisation de la thrombopoïétine pourrait jouer un rôle dans la dysmégacaryocytopoïèse des SMD [63][64].

### b) Voie de RAS/MAPK

RAS, situé en amont de la voie des mitogen activated protein kinases (MAPK) et en aval de récepteurs à tyrosine kinase, est un composant essentiel de la cascade de signalisation conduisant à la prolifération cellulaire, *via* l'activation de facteurs de transcription. Les mutations de RAS, observées dans plus de 30 % des leucémies et plus de 15 % des SMD [65], sont l'anomalie moléculaire la plus fréquente des SMD. Leur incidence croît, de 10-15 % dans les SMD au diagnostic, à 30 % dans les SMD évolués [66][67][68]. Les mutations ponctuelles de RAS (situées au niveau des codons 12, 13 ou 61), impliquent le plus souvent N-RAS, K-RAS et plus rarement H-RAS. Elles interfèrent avec l'activité d'hydrolyse du GTP par RAS et conduisent à son activation constitutive [69][70]. Les mutations de RAS sont associées à un mauvais pronostic et à un risque de transformation leucémique accru [67][65][71][72][73]. L'activité d'agents inhibiteurs de farnésyl transférase, tipifarnib et lonafarnib, dans le traitement des SMD, souligne l'importance de la voie de signalisation RAS/MAPK, dans la physiopathologie des SMD.

**c) Rôle du Vascular Endothelial Growth Factor (VEGF)**

Le Vascular Endothelial Growth Factor (VEGF) est un médiateur-clef de l'angiogénèse, régulé par des signaux multiples, tels que Hypoxia Inducible Factor-1 (HIF-1) et RAS [74]. Différentes données suggèrent qu'il joue un rôle important dans la physiopathologie des SMD [75] [76] [77] [78]. Une surexpression de VEGF et de son récepteur, est observée dans les précurseurs myélo-monocytaires de SMD et LAM [79] et l'inhibition de VEGF diminue la formation de colonies leucémiques [80]. La surexpression de ce médiateur angiogénique dans les cellules hématopoïétiques, suggère un rôle autocrine de ces cytokines, dans le développement et le maintien du clone myélodysplasique [81] [82], la vascularisation médullaire étant d'autant plus importante que le SMD est évolué [75] [75]. Enfin, des anticorps dirigés contre le récepteur du VEGF et des inhibiteurs de tyrosine kinase du VEGF sont en cours de développement dans le traitement des SMD.

## 4) Dérégulation de l'apoptose

### a) Introduction

Une dérégulation de l'apoptose intra-médullaire, contre-balançant la prolifération des cellules hématopoïétiques médullaires a été suspectée, pour expliquer la physiopathologie des SMD [83]. En effet, les SMD se caractérisent par des cytopénies périphériques, associées à une cellularité médullaire normale ou augmentée, suggérant que la mort cellulaire dans le compartiment hématopoïétique soit prépondérante sur la prolifération cellulaire [84] [85] [86] [87] [88].

La dérégulation de l'apoptose au cours des SMD pourrait être liée à une altération des signaux de survie ou à un excès relatif des signaux de mort [89] [90] [91] [92] [93] [84] [94] [95] [96] [97] [98]. De plus, des cytokines pourraient exercer une action différente selon le stade des SMD, avec un effet activateur sur les précurseurs hématopoïétiques précoces et un effet inhibiteur sur les cellules hématopoïétiques les plus différenciées. La **FIGURE N°3** résume les différents mécanismes de dérégulation de l'apoptose mis en jeu au cours des SMD.

**b) Techniques d'étude de l'apoptose**

Différentes études mettent en évidence un taux d'apoptose plus important dans la moelle osseuse de patients myélodysplasiques, comparativement à des moelles normales [99] [100] [101]. On note toutefois que ce taux présente une grande variabilité selon la technique d'étude de l'apoptose utilisée.

Différentes techniques ont permis de quantifier l'apoptose dans les SMD. L'apoptose a été évaluée par la technique ISEL (*In situ* end labeling), qui assure un marquage des cassures des brins d'ADN. Par cette technique, on montre un taux d'apoptose accru dans les biopsies ostéo-médullaires de SMD de faible risque, par rapport à celles de LAM et SMD de haut risque [89]. Cette étude montre une apoptose intra-médullaire massive, avec plus de 75 % des cellules hématopoïétiques des trois lignées apoptotiques. Dans d'autres études, l'apoptose a été évaluée par la technique de TUNEL (Terminal Deoxynucleotide Transferase Incorporation of Nucleotides on 3' Ends of DNA), qui permet la détection de la fragmentation d'ADN, par l'incorporation de nucléotides aux extrémités 3' de l'ADN [102]. Un taux d'apoptose significativement plus important dans les moelles osseuses myélodysplasiques a été observé, par rapport aux moelles normales (56.3 % *versus* 16.2 %) [103]. La cytométrie de flux permet une quantification de l'apoptose et une caractérisation des cellules médullaires impliquées. Par un marquage à l'annexine V-FITC, on a montré un taux d'apoptose dans la population CD34+ significativement plus important chez les patients myélodysplasiques, comparativement aux contrôles et aux LAM [104] [92]. L'ADN sub-diploïde en phase sub-G1 du cycle cellulaire, témoignant de cellules en apoptose, a été mesuré. Dans la population cellulaire CD34+, le pourcentage de cellules en sub-G1, est significativement augmenté chez les patients myélodysplasiques, par comparaison aux patients sains ou LAM [105]. Enfin, l'expression et l'activité des caspases (Cysteine Aspartyl-Specific Proteases), telles que la caspase 3 a été évaluée en Western-Blot, à partir de cellules mononucléées médullaires et a été corrélée à un excès d'apoptose dans les SMD [106].

### c) Quelle est la cellule siège de l'apoptose dans les SMD ?

Certains auteurs ont cherché à déterminer la nature, clonale ou non, de la cellule hématopoïétique subissant l'apoptose au cours des SMD. A partir de prélèvements médullaires de patients SMD présentant des anomalies cytogénétiques, ils ont utilisé une technique combinée de détection des anomalies clonales en FISH (Fluorescence *In Situ* Hybridization) et d'évaluation de l'apoptose en ISEL et cytométrie de flux (marquage à l'Annexine V). Ils montrent que l'apoptose se produit à la fois dans les cellules clonales et non clonales et que le pourcentage de cellules apoptotiques parmi les cellules clonales est plus faible, comparativement à celui des cellules non clonales. Par cette technique de détection combinée, on montre que l'apoptose se produit de façon prépondérante mais non exclusive dans les cellules hématopoïétiques non clonales [107].

L'analyse en cytométrie de flux des sous-populations immatures CD34+ et matures CD34-, suggère que le compartiment CD34+ soit préférentiellement le siège de l'apoptose. Le pourcentage de cellules

CD34+ apoptotiques est significativement plus important dans les SMD précoces, comparativement aux moelles osseuses normales ou de LAM [105] [92] [108]. A l'inverse, certains auteurs ont montré une susceptibilité accrue des cellules CD34- à l'apoptose, par technique TUNEL sur des biopsies ostéo-médullaires, après sélection CD34+. Ces données indiqueraient que la population CD34- soit la source possible du signal pro-apoptotique [84] [91]. Toutefois, le taux d'apoptose des deux sous-populations cellulaires CD34+ et CD34- est équivalent, quand il est rapporté à l'ensemble des cellules mononucléées médullaires [91].

Au cours des SMD, l'apoptose intra-médullaire ne touche pas exclusivement des cellules hématopoïétiques érythroïdes, myéloïdes, ou mégacaryocytaires [109] [89]. L'analyse de l'apoptose sur des prélèvements médullaires identifie des cellules du stroma médullaire, comme étant aussi le siège de l'apoptose [110].

Le compartiment CD34+ médullaire des cellules hématopoïétiques immatures, joue un rôle important dans l'histoire naturelle des SMD. Il contient les précurseurs aux propriétés clonogéniques, qui subissent une dérégulation de l'apoptose, et favorisent potentiellement la transformation leucémique.

### d) Quels sont les mécanismes de l'apoptose dans les SMD ?

La dérégulation de la signalisation apoptotique au cours des SMD peut faire appel à la voie extrinsèque des récepteurs de mort ou à la voie intrinsèque mitochondriale. La mort cellulaire des cellules hématopoïétiques myélodysplasiques est associée aux caractéristiques morphologiques et biochimiques de la mort apoptotique : externalisation des résidus de phosphatidylsérine à la membrane plasmique [111], activation de la cascade des caspases [106], perméabilisation de la membrane mitochondriale [112] et chute du potentiel de membrane mitochondrial [113] [114] [115].

* **Apoptose extrinsèque : Voie des récepteurs de mort**

Différentes données de la littérature suggèrent l'implication de la voie extrinsèque de l'apoptose ou voie des récepteurs de mort, dans la dérégulation de l'apoptose observée dans les SMD. L'origine cellulaire des *stimuli* activant la voie extrinsèque au cours des SMD, n'est pas clairement établie. Les monocytes-macrophages [97], des cellules du stroma médullaire [116] [117] ou des lymphocytes T cytotoxiques CD8+ CD3+ [118] pourraient, par la production de cytokines activant les récepteurs de mort, conduire à un excès d'apoptose.

Une surexpression des récepteurs de mort et de leurs ligands respectifs, a été identifiée en cytométrie de flux à la surface des cellules CD34+ myélodysplasiques. Les cellules CD34+ de SMD surexpriment Fas [119] [94] [120], TRAIL (TNF-Related Apoptosis Inducing Ligand) [121] [122] et le TNF-$\alpha$ [123] [95]. Cette surexpression des récepteurs et des ligands serait à l'origine d'une boucle d'activation autocrine de la voie extrinsèque de l'apoptose.

L'expression accrue de Fas à la surface des cellules CD34+ médullaires *ex vivo* et érythroïdes *in vitro*, joue un rôle dans l'érythropoïèse inefficace des SMD, notamment de faible risque. Au cours de la différenciation érythroïde, le niveau d'apoptose est corrélé à la surexpression de FasL (Fas ligand) [124] [119]. Différentes techniques ont confirmé la surexpression de FasL dans les SMD : la cytométrie de flux [125], l'immunohistochimie [94] [120] et l'amplification d'ADN complémentaire à partir d'ARNm [95] [120]. Dans les prélèvements médullaires, on n'a pas montré de corrélation entre l'expression de Fas et le taux d'apoptose observé [126] [94]. Les cellules CD34+ de SMD associés à une trisomie 8, présenteraient une sensibilité particulière *in vitro,* à l'action de Fas [127]. A l'inverse les cellules CD34+ de SMD associés à une autre anomalie cytogénétique (monosomie 7), ne répondent pas à Fas *in vitro.* Lors de tests fonctionnels, des anticorps monoclonaux dirigés contre FasL, Fas, TNF-α ou TNF-R, augmentent l'hématopoïèse dans des cultures de progéniteurs hématopoïétiques à long terme [95]. La voie apoptotique médiée par Fas est fonctionnelle dans les cellules où il est surexprimé, car l'ajout d'un anticorps agoniste de Fas, exerce un effet pro-apoptotique dépendant de Fas [119].

L'expression accrue de TRAIL en immunocytochimie, à partir de cellules médullaires mononucléées, est prépondérante à la surface des précurseurs myéloïdes du lignage granuleux, alors que l'expression de TRAIL et de son récepteur est négligeable dans des moelles normales. TRAIL exerce un effet pro-apoptotique sur les cellules médullaires de SMD, sans effet sur les cellules médullaires normales [122] [125]. De plus, l'effet de TRAIL sur l'hématopoïèse *in vitro,* dépend du stade des SMD, car il élimine électivement les cellules clonales anormales, sans affecter l'hématopoïèse normale [122]. TRAIL pourrait ainsi jouer un rôle protecteur vis-à-vis de l'expansion de la population blastique. Le profil d'expression génique des progéniteurs hématopoïétiques CD34+ de SMD a identifié certains gènes, dont TRAIL, comme étant régulé positivement [128]. TRAIL endogène soluble est détecté préférentiellement dans les SMD précoces (anémie réfractaire (AR), anémie réfractaire avec sidéroblastes en couronne (ARS)) [121].

**\* Apoptose intrinsèque : Voie mitochondriale**

Certaines données de la littérature suggèrent aussi l'implication de la voie intrinsèque de l'apoptose ou voie mitochondriale, dans l'excès d'apoptose observé dans les SMD [129] [130] [131]. La mise en jeu de la voie mitochondriale pourrait constituer un événement primitif ou secondaire, par amplification des signaux apoptotiques provenant de la voie des récepteurs de mort. L'origine des *stimuli* activant la voie intrinsèque, au cours des SMD, est peu connue. Dans le cas particulier de l'ARS, la voie mitochondriale pourrait être activée par des dépôts mitochondriaux de fer, conduisant à la production de ROS (Reactive Oxygen Species). Cette surcharge ferrique mitochondriale conduirait à une activation directe de l'apoptose intrinsèque, et indirecte, en sensibilisant la mitochondrie aux *stimuli* de la voie extrinsèque [132]. Outre des altérations du métabolisme du fer, des mutations du génôme mitochondrial peuvent activer la voie intrinsèque [133] [134] [135]. Le mutant zebrafish crs (crimsonless) développe un syndrome myélodysplasique, quand le gène *crs* codant pour une heat shock protein mitochondriale (mthsp70/GRP75/mortalin), est muté. Cette mutation augmente le stress oxydatif dans les cellules sanguines [136]. Dans certains sous-types de SMD, AR et ARS, une libération spontanée de cytochrome *c* avec activation de la caspase 9, effecteurs mis en jeu dans l'apoptose intrinsèque, a été montrée [112].

Au cours des SMD, une activité accrue des caspases, corrélée au taux d'apoptose, a été mise en évidence dans les cellules mononucléées médullaires [94] [114] [106]. La caspase 9 est plus activée dans les SMD, par comparaison aux cellules érythroïdes normales en cours de différenciation [137]. La caspase 3, effecteur final des deux voies d'apoptose, est plus activée dans les SMD, comparativement à la moelle normale [138] [139] [10]. La caspase 3 peut être activée *via* la caspase 9, dans la voie mitochondriale ou *via* la caspase 8, indépendamment de la mitochondrie [140] [112].

Plus récemment, des mécanismes pro-apoptotiques nouveaux ont été décrits. Ils font intervenir une régulation négative de l'expression de certaines intégrines, $\alpha4\beta1$ et $\alpha5\beta1$, à la surface des cellules CD34+ [141]. Ces intégrines jouent un rôle critique dans la survie des progéniteurs CD34+, dans leur interaction avec la fibronectine.

La thrombopénie observée au cours des SMD ne serait pas liée à une dérégulation de l'apoptose, mais à une mort des mégacaryocytes de type « nécrose-like », indépendamment des caspases [142].

**e) Y a-t-il une corrélation entre apoptose et stade des SMD ?**

La physiopathologie des SMD met en jeu une dérégulation de l'apoptose. Dans les SMD de faible risque, l'apoptose intra-médullaire est accrue, expliquant la coexistence paradoxale de cytopénies périphériques et d'une hypercellularité médullaire. Dans les SMD de haut risque, conjointement à une réduction de l'apoptose intra-médullaire, la prolifération des progéniteurs immatures devient prépondérante, permettant leur accumulation. Le risque de transformation leucémique est maximal.[92].

Dans les SMD de faible, un taux important d'apoptose est observé, par comparaison aux SMD en transformation leucémique ou aux LAM [109] [105] [94] [92]. Cependant, ces données sur l'apoptose sont controversées. Certains auteurs ont associé les SMD de faible risque à un faible taux d'apoptose, les SMD de mauvais pronostic étant associés à un taux d'apoptose élevé [143] [144] [145] [146]. Cette contradiction apparente dans les résultats est liée au recours à des techniques d'évaluation de l'apoptose différentes, suivant que l'apoptose est étudiée sur des populations médullaires mononucléées totales ou sur des progéniteurs purifiés.

Différentes données de la littérature permettent d'établir une corrélation entre les données sur l'apoptose et le stade des SMD.

Dans les SMD de faible risque (AR, ARS), le taux d'apoptose est plus élevé que dans les SMD de haut risque (anémie réfractaire avec excès de blastes (AREB)), mais le taux de prolifération cellulaire est identique [147] [99] [92] [105] [94] [106].

L'expression de Fas dépend du stade de SMD. Elle est plus importante dans les AR que dans les autres sous-types de SMD [95] et décroît dans la moelle myélodysplasique lors de la transformation leucémique [94]. Lors de l'acutisation, FasL est exprimé sur les cellules hématopoïétiques conjointement à Fas, dont l'expression décroît. En l'absence de son récepteur, FasL n'induit pas l'apoptose [94] [120] [148] [119]. La résistance à l'apoptose induite par Fas pourrait contribuer à la leucémogénèse. Dans les SMD de faible risque, où Fas et son ligand sont surexprimés par les cellules érythroïdes, la transduction des cellules CD34+ avec un mutant dominant négatif de FADD (Fas-Associated Death Domain), inhibe l'apoptose des précurseurs érythroïdes, obtenus en culture [140]. La voie Fas/FasL constitue une cible thérapeutique privilégiée dans le traitement de l'érythropoïèse inefficace des SMD de stades précoces.

On a montré la corrélation entre une faible expression de Bcl-2 et un taux d'apoptose intra-médullaire important [149] [109] [150]. Ainsi, dans les SMD de faible risque, l'excès relatif d'apoptose est associé à un taux accru des membres pro-apoptotiques de la famille Bcl-2, par comparaison aux SMD de haut risque [106][92]. A l'inverse, les taux de Bcl-2 et des membres anti-apoptotiques de cette famille sont augmentés dans les SMD de haut risque [10,106][151]. La suppression de l'apoptose est donc corrélée à une augmentation de l'expression de la protéine anti-apoptotique Bcl-2 et au risque de transformation leucémique [149][109].

Quelques protéines pro-apoptotiques comme Bax, n'ont pas de rôle dans les SMD. Ainsi, l'expression de Bak et Bax dans les moelles myélodysplasiques n'est pas modifiée selon le stade des SMD, par comparaison aux moelles normales [92]. Ce résultat n'exclut pas l'implication de Bak et Bak, *via* des changements conformationnels, dans la physiopathologie des SMD. Le *ratio* de Bax (pro-apoptotique) sur Bcl-2 (anti-apoptotique) est augmenté dans les SMD de faible risque et diminue lors de l'évolution de la maladie [97][99][86]. L'expression de protéines pro-apoptotiques (Bak, Bad, Bcl-$X_S$) a une valeur pronostique favorable dans les SMD, contrairement à celle des protéines anti-apoptotiques (Bcl-2, Bcl-$X_L$). Le *ratio* C-Myc/Bcl-2 est élevé dans les échantillons médullaires de SMD de faible risque et diminue lors de l'évolution de la maladie [151].

L'activité protéolytique de la caspase 3 est fortement augmentée dans les SMD de faible risque (AR et ARS) [138], comparativement aux SMD de haut risque (AREB, AREB-t) [152].

L'expression de FLIP (qui inhibe l'activation de la caspase 8 au niveau du DISC (Death-Inducing Signaling Complex)) et de certaines IAP (Inhibitor of Apoptosis Protein) (qui dégradent les caspases effectrices 3, 7 et 9), n'est pas modifiée dans les SMD de faible risque [153]. L'augmentation de l'isoforme long de FLIP, $FLIP_L$ est associée à la progression leucémique des SMD [154].

Enfin, une augmentation du taux d'apoptose des cellules CD34+ serait un facteur prédictif de la réponse à certains traitements, au cours des SMD [103] [93].

**f) Quelle est la valeur physiologique de l'apoptose dans les SMD ?**

Une dérégulation de l'apoptose a été mise en évidence dans les SMD. Toutefois, l'interprétation du taux d'apoptose et sa contribution à la physiopathologie des SMD sont controversées.

Sur des biopsies ostéo-médullaires, l'index apoptotique, apprécié sur des critères morphologiques, est quantifié à 3 % dans des moelles myélodysplasiques, contre 1 % dans des moelles normales [90]. La plupart des études rapportent un taux d'apoptose à peine plus élevé, dans les moelles myélodysplasiques par rapport aux moelles normales [10] [147] [140] [145]. Malgré un pourcentage statistiquement différent, la relevance biologique d'une telle différence en nombre absolu de cellules apoptotiques, n'est pas évidente.

Par ailleurs, l'interprétation du taux d'apoptose sur des prélèvements médullaires cultivés en milieu riche en sérum, est difficile. En effet, les cellules myélodysplasiques culture, présentent un degré d'apoptose très important par rapport aux cellules fraîches [102]. Mais elles sont placées hors de leur environnement normal et ne sont pas stimulées par le stroma ou les cytokines du micro-environnement médullaire. L'augmentation du taux d'apoptose pourrait dès lors représenter un artefact technique, lié aux conditions de culture.

Enfin, le pourcentage de cellules apoptotiques varie selon le matériel biologique étudié. Ainsi, le taux d'apoptose dans les biopsies ostéo-médullaires est plus élevé que celui observé dans les myélogrammes, obtenus par aspiration [84]. Ces différences suivant la nature du prélèvement, pourraient être liées à la technique utilisée. Ainsi, les aspirations médullaires sont souvent hémodiluées et ne contiendraient pas le pool représentatif CD34+ du compartiment hématopoïétique. Dès lors, le taux d'apoptose serait sous-estimé dans les myélogrammes [94] [138].

L'étude de l'apoptose sur la population totale de cellules mononucléées médullaires, plutôt que sur la sous-population CD34+, peut conduire à une sous-estimation de l'apoptose. Avec un comarquage CD34/Annexine V en cytométrie de flux, on obtient un taux d'apoptose plus important [91].

Ces différentes limites techniques, liées aux conditions de culture et au type de prélèvement, pourraient partiellement expliquer la grande variabilité du taux d'apoptose rapporté dans les SMD [109] [92].

L'apoptose intra-médullaire spontanée et l'hématopoïèse inefficace ne sont pas des caractéristiques propres aux SMD. D'autres hémopathies, LAM, hémopathies lymphoïdes, β-thalassémie, déficit en folates ou défaut de la synthèse de l'hème, présentent un taux d'apoptose comparable [155] [156] [157], anémie de Fanconi, syndrome de Blackfan-Diamond [158] [159] [160]. L'apoptose pourrait être simplement une conséquence de l'hématopoïèse inefficace et pas une cause.

### 5) Dérégulation de la réponse immunitaire

Une dérégulation de la réponse immunitaire serait impliquée dans la physiopathologie des SMD [161] [162]. Le clone myélodysplasique présenterait des anomalies primitives, conduisant à une dérégulation de la réponse immunitaire. Mais, une dérégulation chronique de la réponse immunitaire pourrait aussi conduire à des mutations génétiques des progéniteurs médullaires et/ou à la sélection de cellules clonales [163] [98]. Le rôle du système immunitaire a été suspecté devant l'incidence importante de manifestations auto-immunes (maladie de Crohn, recto-colite, lupus érythémateux disséminé, arthrite, rhumatisme, glomérulopathie, vascularite), de gammapathies monoclonales et la présence d'auto-anticorps, chez les patients myélodysplasiques [164] [165] [166]. Certaines caractéristiques cliniques des SMD sont communes aux anémies aplasiques et à la maladie à LGL (Large Granular Lymphocytes), maladies dont la physiopathologie est liée à une auto-réactivité lymphocytaire T [167] [168] [169]. Les différentes anomalies du système immunitaire incluent une réduction des lymphocytes T auxiliaires CD4+, une diminution de la réponse cytotoxique dépendant de l'anticorps, une réduction de l'activité NK [170] [171], et un taux d'immunoglobulines altéré. Les patients myélodysplasiques présentent une augmentation des lymphocytes T cytotoxiques CD8+ [118], au répertoire antigénique restreint d'allure oligoclonale [118] [172] [173] [174], qui exercent un effet inhibiteur sur la myélopoïèse myélodysplasique autologue *in vitro* [174]. Dans certains sous-types de SMD, le sérum anti-lymphocytaire et la cyclosporine, agents immunosuppresseurs, entraîneraient la disparition du clone lymphocytaire T, attestée sur l'étude de la clonalité Vβ [173] [175] [176] [177].

## 6) Rôle du micro-environnement médullaire

### a) Cytokines du milieu

Le micro-environnement médullaire peut être un médiateur important dans la physiopathologie des SMD, permettant la survie et le maintien des cellules progénitrices [117] [178]. Les données de la littérature, parfois contradictoires, mettent en évidence un déficit relatif ou une surproduction de certaines cytokines : interleukine 1β (IL-1β), IL-6, IL-8, stem cell factor (SCF), érythropoïétine (EPO), TGF-β (Transforming Growth Factor-β), GM-CSF et TNF-α, dans la moelle osseuse et dans le sérum de patients myélodysplasiques [179] [180] [181] [182]. Un taux élevé de cytokines de type Th1, TNF-α et IFN-γ, a été observé. Cette augmentation a été isolée dans des biopsies ostéo-médullaires de SMD [183] [184] [185], dans le plasma [182] [95] [186]. Le taux de récepteur du TNF-α circulant soluble, présent à un taux élevé [187], décroît sous traitement anti-cytokinique [188] [189]. En PCR, a été mis en évidence un taux important d'ARNm du TNF-α [190]. L'activation des caspases [183], la libération de NOS (Nitric Oxide Synthase) [191], la création de dommages de l'ADN [192], témoignant d'une activité du TNF-α, ont été identifiés dans la moelle osseuse de patients myélodysplasiques. La corrélation entre l'expression de TNF-α et le sous-type de SMD est controversée. Le TNF-α serait élevé dans les AR [95] et les SMD en transformation [123], témoignant d'un mauvais pronostic [193]. D'autres auteurs ne montrent aucune corrélation [96]. La source cellulaire produisant le TNF-α reste mal connue. Une forte corrélation entre le TNF-α, le TGF-β et le nombre de monocytes/macrophages [190], a été observée sur des biopsies ostéo-médullaires, suggérant que la source de TNF-α soit le macrophage [123]. Mais des éléments du stroma médullaire ou des lymphocytes T

48

pourraient être aussi impliqués [194] [195] [117]. Des essais cliniques évaluant l'efficacité de traitements anti-TNF-α, tel que le récepteur TNF soluble (Enbrel®) ont montré une efficacité modeste dans le traitement des SMD [196] [185] [197] [98] [184] [198].

### b) Néoangiogénèse

La néoangiogénèse constitue un facteur essentiel dans la physiopathologie des SMD. Une densité accrue de micro-vaisseaux médullaires a été mise en évidence dans les SMD [199] [199] [200] [75] [201]. Cette néovascularisation est médiée par des molécules angiogéniques, VEGF, basic fibroblast growth factor (bFGF), angiogénine, TNF-α et TGF-β [74] [202] [203] [204] [81] [205] [206]. L'expression du récepteur soluble au VEGF serait un facteur pronostique dans les LAM et les SMD [207].

### 7) Anomalies moléculaires identifiées par des anomalies cytogénétiques

Les anomalies cytogénétiques sont présentes dans plus de 70 % des SMD *de novo* et dans plus de 90 % des SMD secondaires à un traitement [30]. Les délétions chromosomiques, contrairement aux translocations équilibrées, sont fréquemment observées dans les SMD.

### a) Délétion du chromosome 5

Environ 20 % des patients myélodysplasiques présentent des anomalies du chromosome 5. Ces anomalies comprennent des délétions interstitielles du bras long (5q-), la monosomie et des translocations déséquilibrées. Une entité distincte, le syndrome 5q-, a été décrite et individualisée dans la classification OMS des SMD [208] [209]. La région critique de la délétion est située entre 5q31 et 5q33. De nombreux facteurs de croissance hématopoïétiques, IL-3, IL-4, IL-5, Interferon Regulator Factor 1 (IRF-1), M-CSF et son récepteur, GM-CSF, sont codés par le bras long du chromosome 5. L'analyse des gènes impliqués dans les translocations chromosomiques avec le chromosome 5, a permis une meilleure compréhension de la physiopathologie des SMD. t(3 ; 5) (q25.1 ; q34) conduit à une protéine chimérique, NPM-MLF1, qui est associée à certains SMD, avant transformation leucémique [210]. t(5 ; 11) (q31 ; q23) conduit à une protéine chimérique, MLL-GRAF dans certains SMD de l'enfant [211].

**b) Délétion du chromosome 7**

La délétion partielle ou complète du chromosome 7, fréquemment isolée dans les SMD et les LAM, est associée à un pronostic péjoratif. Environ 10 % des cas de délétions 7q- sont observés au cours des SMD *de novo*. Les autres cas de 7q- sont observés dans des SMD survenant après exposition environnementale ou chimiothérapeutique et dans un contexte familial (Anémie de Fanconi, neurofibromatose 1 (NF1), neutropénie congénitale) [212]. L'analyse des patients atteints de leucémie myélo-monocytaire juvénile, souvent porteurs de monosomie 7, a montré qu'environ 30 % présentent une mutation du gène *NF1* [213]. L'inactivation par mutation du gène *NF1* pourrait jouer un rôle important dans la progression leucémique des SMD associés à une monosomie 7 [214]. *NF1* agit comme un gène suppresseur de tumeur, codant pour une protéine activatrice d'une GTPase, qui régule négativement l'activité de RAS [215].

## c) Délétion du chromosome 20

La délétion en 20q est observée dans environ 5 % des cas de SMD *de novo* [216]. La région d'intérêt, située entre D20S174 et D20S17 [217] [218], comprend des gènes suppresseurs de tumeur, codant pour la phospholipase C δ, l'adénosine déaminase, la topoisomérase I, la kinase hématopoïétique, la growth hormone releasing factor.

## d) Délétion du chromosome 17

La délétion du bras court du chromosome 17 (17p-) est observée dans les SMD secondaires à des traitements. Le gène *p53*, gène suppresseur de tumeur, qui joue un rôle important dans le contrôle du cycle cellulaire, la réparation de l'ADN et l'apoptose, est situé en 17p13.1 [219].

## e) Trisomie 8

La trisomie 8 se produit souvent au cours des SMD. Le clone de trisomie 8 disparaît au cours de l'évolution de la maladie, indépendamment de l'infiltration médullaire blastique [220] [221]. La signification de cette anomalie clonale dans la physiopathologie des SMD, reste à ce jour mal connue.

## f) Autres délétions chromosomiques moins fréquentes

Des délétions des chromosomes 3, 11, 12, 13 et Y et des trisomies impliquant les chromosomes 6, 13 et 21 ont été rapportées dans la littérature avec une fréquence variable. Malgré l'identification de régions critiques sur chaque chromosome et de certains gènes suppresseurs de tumeur, la physiopathologie moléculaire de ces délétions reste mal connue.

## 8) Translocations chromosomiques

### a) Fusion *TEL (ETV6)*

t(5 ; 12) (q33 ; p13) est une translocation chromosomique récurrente, résultant de la fusion entre le gène du Platelet-Derived-Growth Factor Receptor β *(PDGFR-β)* (récepteur à tyrosine kinase) sur le chromosome 5, et un gène ETS-like, *TEL (ETV6)* (activateur transcriptionnel) sur le chromosome 12 [222]. Elle a été initialement décrite chez des patients porteurs d'une leucémie myélo-monocytaire à éosinophiles [223] et elle est retrouvée dans un groupe d'hémopathies myéloïdes, présentant à la fois des caractéristiques de syndromes myéloprolifératifs et myélodysplasiques [224]. La fusion des deux gènes *PDGFR-β* et *TEL*, entraîne une activation constitutive du domaine tyrosine kinase de PDGFR-β [225], qui induit une transformation cellulaire.

### b) Anomalie de la nucléoporine

Les nucléoporines dont NUP98, sont des molécules impliquées dans l'import/export nucléaire de protéines et d'ARN [226]. Le gène *NUP98* est un partenaire de fusion dans certaines LAM secondaires et dans les SMD avec translocations chromosomiques impliquant 11p15.5. La translocation t(6 ; 9) (p23 ; q34), observée dans certains SMD et LAM, conduit à une protéine de fusion entre les gènes *DEK* et *CAN*. CAN présente une parenté structurale avec NUP214, nucléoporine [227].

## c) *MLL*

Des translocations impliquant le gène *MLL* sont rarement impliquées dans les SMD [228] [229]. La duplication en tandem du gène a été aussi rapportée [230].

## d) *EVI-1*

Les anomalies du chromosome 3, impliquant les régions 3q21 et 3q26, sont observées dans plus de 2 % des LAM ou SMD [231] et sont associées à un mauvais pronostic. Les gènes d'intérêt des ces régions comprennent la transferrine et son récepteur, la lactoferrine, la mélanotransferrine, CALLA/CD10 et le gène *EVI-1* (Ecotropic Virus Integration Site 1), facteur de transcription impliqué dans la maturation myéloïde [232]. Des modèles murins EVI-1 -/-, modèles de SMD [233], présentent une pancytopénie léthale, accompagnée d'une moelle hypercellulaire et de dysérythropoïèse.

## e) *NPM*

La translocation t(3; 5) (q25.1; q34), impliquant *NPM (nucléophosmine)* en 5q34 et *MLF1* en 3q25.1, est observée dans les SMD et les LAM [210]. *NPM* exerce une fonction de nucléoporine.

### 9) Anomalies moléculaires non liées à des anomalies cytogénétiques

#### a) *TP53*

Des mutations du gène suppresseur de tumeur *p53* sont rapportées dans plus de 10 % des SMD [234] [235] [219] [236] [71]. Ces mutations, de type faux-sens inactivatrices, sont plus fréquemment associées à des SMD de haut risque (AREB, AREB-t, LAM secondaires), à des anomalies cytogénétiques défavorables (anomalies du chromosome 5, caryotype complexe) et s'associent à un mauvais pronostic [236].

#### b) *FLT3*

FLT3 est un récepteur à activité tyrosine kinase, impliqué dans la prolifération et la différenciation, au cours de l'hématopoïèse. La duplication interne en tandem est identifiée dans plus de 20 % des LAM et 5 % des SMD [237] [238] [239]. Elle est associée à un risque important de transformation leucémique et à une survie réduite [240] [241].

#### c) *AML1*

Le gène *AML1* code pour un facteur de transcription hétérodimérique, jouant un rôle essentiel dans le contrôle de l'hématopoïèse. Les translocations impliquant ce gène ou ses partenaires, se présentent sous deux formes, t(8 ; 21) et inv(16). Les mutations d'*AML1* sont observées dans les cas de SMD induits par des traitements alkylants [242] [243], après exposition aux solvants organiques et lors de l'acutisation de LMC (leucémie myéloïde chronique) [244] [245].

**d) Autres mutations**

Différentes mutations des gènes *RB, WT1, C/EBPα* ont été rapportées avec une fréquence variable. Leur rôle dans la physiopathologie des SMD est mal connu. Les principales anomalies moléculaires connues au cours des SMD, sont résumées dans le **TABLEAU N°6.**

## 10) Profil d'expression de gènes

Plus récemment, la technologie des puces à ADN, a permis d'explorer l'expression de milliers de gènes [246]. L'identification de « signatures » moléculaires spécifiques, pourrait conduire à l'identification de facteurs prédictifs de réponse et de facteurs pronostiques. Le profil d'expression génique pourrait donc, dans le futur, modifier la prise en charge diagnostique et thérapeutique des SMD.

## 11) Conclusion sur la physiopathologie des SMD

La physiopathologie des SMD est complexe et reste à ce jour mal connue. Le modèle physiopathologique actuellement retenu, est celui d'un processus en plusieurs étapes, au cours duquel une cellule souche hématopoïétique est mutée et acquiert un avantage de croissance. Cette atteinte de la cellule souche peut survenir secondairement à une altération du micro-environnement médullaire, ou primitivement, par prédisposition innée. La sécrétion de cytokines et les voies de signalisation de l'apoptose sont altérées et une dérégulation de la réponse immunitaire peut être associée. Dans les formes précoces de SMD, la production accrue de cytokines pro-apoptotiques conduit à un excès d'apoptose intra-médullaire. Lors de l'évolution de la maladie, d'autres événements de nature génétique et épigénétique interviennent et conduisent à une diminution de l'apoptose. L'intrication de ces différents mécanismes moléculaires explique que les SMD, bien que constituant un groupe de maladies hétérogènes, présentent un phénotype clinique relativement proche.

**Les SMD sont un groupe hétérogène d'hémopathies malignes clonales de la cellule souche hématopoïétique, fréquemment observé chez le sujet âgé. Leur physiopathologie est complexe, en plusieurs étapes. Le rôle d'une dérégulation de l'apoptose dans la physiopathologie de cette maladie a été démontré par notre laboratoire. Sur le plan moléculaire, le facteur de transcription NF-κB est impliqué dans cette dérégulation. Dans les SMD de faible risque, associés à un excès relatif d'apoptose, NF-κB n'est pas actif. A l'inverse, les SMD de haut risque s'associent à une diminution de l'apoptose intra-médullaire, contrebalancée par une prolifération cellulaire accrue. Dans ces formes de SMD, NF-κB est constitutivement activé dans la cellule hématopoïétique clonale. La compréhension du rôle de NF-κB dans les SMD présente un triple intérêt :**

**- Physiopathologique, par la compréhension des mécanismes moléculaires conduisant à la transformation leucémique.**

**- Pronostique, par l'identification des SMD de pronostic péjoratif, associés à une activation de NF-κB.**

**- Thérapeutique, par le développement de stratégies d'inhibition de NF-κB, dans le traitement des SMD.**

**Après la présentation des SMD, où l'hypothèse physiopathologique d'une dérégulation de l'apoptose a été développée, nous allons présenter le facteur de transcription NF-κB.**

## B. FACTEUR DE TRANSCRIPTION NF-κB

## I. Introduction

NF-κB a été découvert par Baltimore en 1986, comme le facteur présent dans le noyau des lymphocytes B, capable de se lier au promoteur de la chaîne légère κ des immunoglobulines [247]. Il s'exprime de façon ubiquitaire, de la Drosophile à l'homme, dans le cytoplasme.

## II. Présentation du facteur de transcription NF-κB

### 1) Famille NF-κB

#### a) Site κB

Les extraits nucléaires de lymphocytes B matures contiennent une forme de NF-κB capable de se lier *in vitro* à une séquence d'oligonucléotides décamérique (5'-GGGPuNNPyPyCC-3', où Pu représente une base purique et Py, une base pyrimidique et N, n'importe quelle base. Cette séquence consensus d'ADN est appelée site κB. NF-κB n'est pas détecté dans les extraits nucléaires d'autres types cellulaires, car la localisation nucléaire et l'activité de liaison à l'ADN de NF-κB, sont inhibées par la présence de la protéine inhibitrice IκB (Inhibitor of κB) [248] [249].

**b) Membres de la famille NF-κB**

Chez les mammifères, cinq membres de la famille des facteurs de transcription NF-κB, ont été identifiés : RelA (p65 ou NF-κB3), RelB, c-Rel (homologue cellulaire de v-Rel), p50/p105 (NF-κB1) et p52/p100 (NF-κB2).

**c) Structure des membres de la famille NF-κB**

Tous les membres de la famille NF-κB comprennent un domaine conservé Rel-homology domain (RHD), situé en N-Terminal, d'environ 300 acides aminés [250]. Le RHD participe à la liaison à l'ADN, à la dimérisation et à l'interaction de NF-κB avec la molécule inhibitrice IκB. Dans sa partie C-Terminale, le RHD contient une séquence de localisation nucléaire (nuclear localization sequence (NLS)), inactive dans les cellules non stimulées, car liée à IκB. Les protéines de la famille NF-κB/REL (reticuloendotheliosis) appartiennent à deux classes, que l'on distingue selon leur mode de synthèse et leurs propriétés transactivatrices.

\* La première classe comprend : RelA (p65), RelB et c-Rel. Ces membres sont synthétisés sous forme mature. Ils contiennent un domaine d'activation transcriptionnel (transcriptional activation domain (TAD)), situé en C-Terminal. TA1 et TA2 sont les sous-domaines du domaine de transactivation TAD de RelA. RelB, contrairement à RelA et c-Rel, peut à la fois exercer des fonctions activatrices et inhibitrices.

\* La deuxième classe comprend : p50/NF-κB1 et p52/NF-κB2. Ces membres sont synthétisés sous forme de précurseurs protéiques de grande taille, respectivement p105 et p100. p105 et p100 ne possèdent pas de TAD. Ils contiennent des motifs répétés d'ankyrine de 30-34 acides aminés, en C-Terminal, semblables à ceux des protéines IκB. De fait, p105 et p100 se comportent, avant maturation, comme des protéines de la famille IκB («pseudo-IκB»). L'interaction intra-moléculaire entre les motifs répétés d'ankyrine et le RHD, pour p105 et p100, a pour effet de les séquestrer dans le cytoplasme et d'inhiber leur activité propre. p105 et p100 vont subir une protéolyse dépendant de l'ubiquitine, qui élimine le domaine C-Terminal. Les protéines matures produites, p50 et p52, pourront agir comme facteur de transcription nucléaire, en se liant à l'ADN. La dégradation de p105 est constitutive (non régulée), alors que la dégradation de p100 est dépendante du signal (régulée) et conduit préférentiellement à la libération de dimères p52/RelB. En effet, la région C-Terminale de p100 contient un domaine inhibiteur de la protéolyse (PID), qui inhibe son clivage constitutif. La **FIGURE N°4** présente les différents membres de la famille NF-κB/REL avec leur structure respective.

### d) Dimères de NF-κB

NF-κB est présent sous forme de dimères dans le cytoplasme des cellules. D'un point de vue théorique, toutes les combinaisons de dimères de NF-κB sont possibles, hormis les homodimères de RelB. *In vivo*, RelB ne forme que des hétérodimères, p50/RelB ou p52/RelB. Alors que p105 n'est pas très sélectif dans le choix de ses partenaires, p100 est le plus souvent dimérisé avec RelB [251]. Les différentes combinaisons de dimères de NF-κB présentent des fonctions propres [252] [253]. Ainsi, les homodimères de p50 et p52 sont des répresseurs transcriptionnels, alors que les hétérodimères p50/p65, p50/c-Rel, p65/p65 et p65/c-Rel sont des activateurs transcriptionnels [254] [255] [256] [257] [258].

## 2) Famille IκB

La famille des protéines inhibitrices de NF-κB (IκB) comprend : IκBα, IκBβ, IκBε, IκBγ, IκBζ et BCL-3 (B-Cell Leukaemia/Lymphoma 3). Comme p105 et p100, les protéines IκB contiennent 6 à 7 motifs répétés d'ankyrine en C-Terminal, qui participent à la liaison au RHD. Le nombre de ces motifs influencerait la spécificité avec laquelle IκB se lie à un dimère de NF-κB. Les protéines inhibitrices IκB vont masquer le NLS du domaine RHD de NF-κB [259]. Le domaine PEST, situé en C-Terminal, jouerait un rôle important dans la régulation de la stabilité de la protéine NF-κB et la sensibilité aux protéases [260]. En N-Terminal, les protéines IκB contiennent un domaine régulateur. Pour IκBα, IκBβ et IκBε, ce domaine comporte deux résidus conservés de sérine, site de phosphorylation, et des résidus de lysine, cibles d'ubiquitination. L'activation des dimères de NF-κB dépend de deux modifications séquentielles, phosphorylation (rôle du complexe IKK) et ubiquitination des protéines IκB (rôle d'E3$^{IκB}$ ubiquitine ligase) [261]. Dans le cas d'IκBα, le masquage de la séquence NLS est partiellement efficace, car des complexes NF-κB/IκBα peuvent transloquer vers le noyau, en l'absence de stimulation [262]. De plus, IκBα comporte une séquence d'export nucléaire (nuclear export sequence (NES)), qui exporte des complexes vers le cytoplasme. Les protéines inhibitrices de la famille IκB sont présentées dans la **FIGURE N°4.**

### 3) Famille IKK

Le complexe IKK (Inhibitor of IκB Kinase) est constitué de trois sous-unités, les sous-unités catalytiques IKKα et IKKβ (aussi appelées IKK1 et IKK2) et plusieurs copies de la sous-unité régulatrice appelée NF-κB Essential Modulator (NEMO) ou IKKγ (Fip-3 ou IKKKAP-1). Les complexes IKK, complexes de haut poids moléculaire (700 à 900 kDa), sont constitués d'un homodimère de NEMO lié, soit à un homodimère d'IKKβ, soit à un hétérodimère IKKα/IKKβ [263]. Au sein du complexe IKK, le nombre de monomères de NEMO présents a donné lieu à controverse. Certains auteurs ont montré que NEMO forme des trimères [264] [265]. D'autres ont suggéré que NEMO forme un tétramère [266]. L'état d'oligomérisation de NEMO, au sein du complexe IKK doit être précisé par des études complémentaires. La structure des différentes protéines IKK est rappelée dans la **FIGURE N°4.**

### a) IKKα et IKKβ

IKKα et IKKβ sont des sérine/thréonine kinases qui présentent une homologie structurale (52 % d'homologie). Leur structure comprend un domaine kinase, un motif hélice-boucle-hélice (HLH) et un motif leucine-zipper (LZ).

Sur le plan fonctionnel, IKKα et IKKβ ne jouent pas le même rôle au sein du complexe IKK. IKKα phosphoryle p100 et assure sa dégradation, indépendamment du complexe IKK [267]. IKKβ phosphoryle IκBα, en réponse aux *stimuli* pro-inflammatoires (TNF-α, IL-1, LPS (LipoPolySaccharide)) [268] [269] [270] [271]. *In vivo*, IKKβ est la kinase prépondérante. IKKβ est activé par autophosphorylation sur deux résidus de sérine 177 et 181, situés dans sa boucle d'activation. Des mutations au niveau des résidus de sérine 177 et 181 abolissent l'activité kinase, en réponse à différents *stimuli*. La substitution d'une sérine par une alanine, modifie l'activation d'IKKβ. La substitution d'une sérine par l'acide glutamique conduit à une activation constitutive d'IKKβ [272]. Ces mêmes mutations au niveau de sites équivalents d'IKKα, n'ont quasiment pas d'effet. La phosphorylation au niveau des résidus de sérine d'IKKα, n'est donc pas nécessaire à l'activation d'IKK [261].

### b) IKKγ/NEMO

NEMO a été identifié par deux approches différentes et indépendantes. Il a été identifié lors du clonage par complémentation génétique dans une lignée cellulaire de rat, incapable d'activer NF-κB et par conséquent extrêmement sensible à l'apoptose [273]. Simultanément, il a été obtenu par purification biochimique du complexe IKK [274 275 276].

Sur le plan structural, NEMO n'a pas d'identité avec IKKα et IKKβ. En N-Terminal, il comprend un site d'interaction avec les kinases IKK, *via* un hexapeptide (Leu-Asp-Trp-Ser-Trp-Leu) [277 278]. Il comporte des motifs coiled-coil (CC1 et CC2), séparés par des hélices α. En C-Terminal, NEMO comprend un motif LZ, participant à son oligomérisation (trimérisation), un motif ZF (zinc finger) et un motif ubiquitine binding domain (UBD), situé au sein du domaine CC2-LZ, domaine minimal d'oligomérisation [279 265].

Sur le plan fonctionnel, NEMO est une protéine bifonctionnelle. En N-Terminal, une α-hélice s'associe à l'extrémité C-Terminale d'IKKα ou β et permet l'assemblage de complexes IKK de haut poids moléculaire [277 280 272 276]. Cette fonction d'assemblage du complexe IKK a été démontrée par la présence exclusive, dans des cellules dépourvues d'IKKγ, de complexes IKK de faible poids moléculaire [273], correspondant à des homodimères d'IKKβ ou à des hétérodimères IKKα/IKKβ [281]. De plus, NEMO est requis pour l'activation d'IKKα et IKKβ, *via* la phosphorylation de résidus de sérine, situés au niveau de leur boucle d'activation [276]. Cette fonction régulatrice de NEMO a été démontrée par l'incapacité de mutants de NEMO tronqués en C-Terminal, à activer le complexe IKK, bien qu'assurant l'assemblage de complexes d'IKK de haut poids moléculaire [272][276]. Le domaine N-Terminal de NEMO permet donc l'assemblage du complexe IKK et le domaine C-Terminal assure l'activation du complexe IKK. Cependant, récemment, il a été montré que le domaine C-Terminal contenait des motifs fonctionnels distincts pour lier IKK aux activateurs d'amont. Une substitution d'acides aminés au sein du LZ diminue l'activation du complexe IKK, en réponse à l'IL-1 et au TNF-α. Une substitution d'acides aminés au sein du ZF diminue seulement l'activation d'IKK par le TNF-α, mais pas par l'IL-1. Le motif ZF de NEMO pourrait permettre l'assemblage de facteurs d'ubiquitination [282][283]. Or l'ubiquitination de NEMO serait essentielle à l'activation d'IKK [284][283][285]. Ainsi, la région C-Terminale d'IKKγ contiendrait des motifs fonctionnels distincts, nécessaires pour lier IKK à ses différents activateurs d'amont [286].

L'activation du complexe IKK dépend de *stimuli* d'amont, recrutés par NEMO. IKKβ est phosphorylé et le complexe IKK activé. Initialement, seule une fraction d'IKK est activée. IKKβ activé peut phosphoryler la sous-unité adjacente par auto-phosphorylation intra-moléculaire au niveau de la boucle d'activation, et propager son état actif. *In vivo*, IKKα pourra être activé par IKKβ et participer secondairement à l'activité IKK globale.

## III. Voies d'activation de NF-κB

Il existe différentes voies d'activation de NF-κB. L'activation de NF-κB est rapide, car étant déjà présent dans le cytoplasme lié à IκB, il ne nécessite pas de synthèse protéique. NF-κB peut être activé essentiellement par la dégradation d'IκB inductible par différents *stimuli* (voie classique ou canonique) ou par la dégradation de p100 (voie alternative ou non canonique).

### 1) Voie classique ou canonique

La voie classique ou canonique est induite en réponse à des *stimuli* inflammatoires (TNF-α, IL-1), à l'activation du récepteur T (TCR), à l'exposition à des produits bactériens (LPS). Après liaison des ligands IL-1 et LPS à leur récepteur respectif de la famille IL-1R et TLR (Toll-Like Receptor), des molécules adaptatrices (IRAK (IL-1R-Associated Kinase), Myd88 et TRAF-6) participent à l'activation de la kinase TAK1 (Transforming Growth Factor-β-activated kinase-1), qui activera le complexe IKK [287]. Les membres de la superfamille du TNF, qui contiennent un domaine de mort DD (Death Domain) dans leur région cytoplasmique (TNFR-1, Fas, TRAIL-R-1 et -2), activent NF-κB. La liaison du ligand à son récepteur, conduit au recrutement de la molécule adaptatrice TRADD (TNFR1-Associated Death Domain protein). Cette molécule s'associe ensuite avec TRAF-2 et RIP (Receptor Interacting Protein). Puis TRAF-2 recrute le complexe IKK et RIP va activer la sous-unité catalytique d'IKK *via* MEKK3 [288] [289]. La voie classique est dépendante de l'activation d'IKKβ [269]. Des expériences d'invalidation génique, indiquent que l'activation de cette voie dépend de l'intégrité de

NEMO [290]. L'activation d'IKKβ entraîne la phosphorylation d'IκBα au niveau de deux résidus de sérine 32 et 36 du motif DSGXXS (situés dans le domaine régulateur N-Terminal d'IκBα). IκBα est ensuite ubiquitiné par la ligase β-TrCP E3 et dégradé par la sous-unité 26S du protéasome. Le dimère RelA/p50 (ou c-Rel/p50) libéré, transloque vers le noyau [261]. La substitution d'une sérine par une alanine inhibe la phosphorylation d'IκBα, sa dégradation et donc l'activation de NF-κB [291,292]. De même, la substitution d'une lysine en arginine au niveau des deux sérines 21 et 22, inhibe l'ubiquitination d'IκBα, sa dégradation et donc l'activation de NF-κB [293]. La voie classique fait intervenir des dimères composés de RelA, c-Rel et p50. Les dimères les plus fréquemment isolés sont p50/RelA. Les dimères p50/c-Rel sont moins abondants et seraient activés avec une cinétique plus lente. La voie classique, activée de façon rapide et transitoire, participe à l'immunité innée, l'inflammation et à la survie cellulaire par l'inhibition de l'apoptose [294] [276] [273].

## 2) Voie alternative ou non canonique

La voie alternative ou non canonique est induite après stimulation de CD40 et des récepteurs lymphotoxine-β, de B-cell-activating factor of the TNF family (B-cell-Activating Factor of the TNF Family (BAFF)), LPS et latent membrane protein-1 (LMP-1) du virus EBV [294] [295]. Cette voie est préférentiellement mise en jeu dans les cellules lymphoïdes. Les membres de la superfamille du TNF, qui ne contiennent pas de domaine de mort DD dans leur région cytoplasmique (TNFR-2, LTβ-R et CD40), possèdent des motifs d'interaction de type TRAF [296]. La liaison du ligand à son récepteur conduit au recrutement des protéines TRAF. Ces molécules conduisent à l'activation d'IKKα *via* NF-κB-inducing kinase (NIK). L'activation d'IKKα entraîne la phosphorylation de la sous-unité p100 au niveau de deux résidus de sérine en C-Terminal. p100 est ensuite ubiquitiné par la ligase β-TrCP E3 et dégradé par le protéasome en p52, par élimination du domaine proche de celui d'IκB en C-Terminal. Les hétérodimères p52/RelB, une fois activés, vont transloquer vers le noyau [267]. La voie alternative est indépendante d'IKKγ. La régulation de cette voie est assurée par les homodimères d'IKKα, qui fonctionneraient indépendamment du complexe IKK. La voie alternative fait donc intervenir p52, qui se dimérise préférentiellement avec RelB [251]. Cette voie conduit à la translocation nucléaire de dimères RelB/p50 et RelB/p52. La voie alternative participe au développement des organes lymphoïdes secondaires, à la maturation des lymphocytes B et à l'immunité humorale adaptative [294 297 298 299].

Les voies classique et alternative ont en commun de médier la dégradation par le protéasome de la molécule inhibitrice IκB. Elles diffèrent par la nature des *stimuli*, par les kinases d'amont, la composition du complexe IKK et les gènes-cibles de NF-κB régulés. Les deux principales voies d'activation de NF-κB sont présentées dans le **FIGURE N°5**, avec leurs *stimuli* et leur rôle en physiologie.

### 3) Voies atypiques

La voie atypique est activée en réponse à des *stimuli* de type hypoxie/réoxygénation, peroxyde d'hydrogène, Nerve Growth Factor (NGF). Cette voie conduit à l'activation de NF-κB indépendante d'IKK, et plus précisément à une activation de NEMO indépendante de l'activation d'IKKβ [300]. Elle entraîne la phosphorylation d'IκBα en Tyr42, qui est ensuite dégradé ou se dissocie de NF-κB [301 301].

## IV. Fonctions indépendantes de NF-κB

L'activation d'IKK ne conduit pas seulement à la dégradation d'IκB et à la libération de NF-κB. En effet, les sous-unités d'IKK peuvent elles-mêmes programmer une réponse cellulaire au *stimulus* initial. La mise en évidence de fonctions des IKK indépendantes de NF-κB est récente.

### 1) Fonctions indépendantes du complexe IKK

#### a) Conséquences de l'activation d'IKKβ

Comme nous l'avons précédemment décrit, l'activation d'IKKβ intervient essentiellement dans des voies anti-apoptotiques, pro-inflammatoires et de prolifération [302] [303]. IKKβ active la voie canonique de NF-κB, *via* la phosphorylation d'IκB. IKKβ peut phosphoryler d'autres substrats qu'IκB, ce qui lui confère d'autres effets, indépendants de la voie NF-κB. Les substrats et effets ne seront qu'énumérés : activation des fonctions transactivatrices de RelA ; activation de la voie MAPK et de la prolifération cellulaire *via* une interaction avec p105 [304] [305]; fonction anti-apoptotique *via* la phosphorylation de FOXO3a [306]; inhibition de la voie MAPK *via* la phosphorylation de DOK1 [307]; stabilisation de l'ARNm de cytokines, chémokines et facteurs de croissance *via* la phosphorylation de 14-3-3β [308]; inhibition de la signalisation de l'insuline *via* l'interaction avec IRS-1 (Insulin-Receptor Substrate-1) [309] [310] [311]; rétro-contrôle négatif de la voie NF-κB *via* la phosphorylation de BCL10 [312].

**b) Conséquences de l'activation d'IKKα**

Comme nous l'avons précédemment décrit, l'activation d'IKKα stimule la voie alternative *via* la phosphorylation de la sous-unité p100 de NF-κB. L'activation d'IKKα intervient dans l'immunité humorale et le développement des organes lymphoïdes secondaires. IKKα peut phosphoryler d'autres substrats que p100, ce qui lui confère d'autres effets indépendants de la voie NF-κB. Les substrats et effets ne seront qu'énumérés : rôle anti-inflammatoire *via* la phosphorylation de RelA ; régulation du remodelage de la chromatine et activation transcriptionnelle *via* CBP (CREB-Binding Protein) [313] [314]; régulation de la cycline D1 par des effets plus ou moins directs [315] [316] [317] [318] [319] [320] [321] [322]; régulation transcriptionnelle *via* la phosphorylation de SMRT [323]; contrôle de la production d'IFN-α *via* la phosphorylation d'IRF-7 [324]; rôle dans la différenciation kératinocytaire et le développement dentaire [325] [326].

**c) Effets de NEMO indépendants d'IKK**

NEMO présente des fonctions indépendantes d'IKK. Suite à un stress génotoxique, NEMO transloque vers le noyau et se lie à ATM. Le complexe NEMO/ATM active ensuite IKK, indépendamment d'IKKα ou IKKβ [327]. En se liant à CBP, NEMO active Hypoxia-Inducible Factor-2α (HIF-2α), indépendamment des sous-unités d'IKK [328] [329].

**2) Fonctions indépendantes d'IκB**

Les protéines IκB possèderaient elles aussi des fonctions indépendantes de NF-κB. IκBα s'associerait à des protéines de la réplication [330]. IκBα interagirait avec la cyclin-dependent kinase-4 (CDK4) [331] et p53 [332 333 334]. IκBα pourrait inhiber une protéine du VIH [335]. Quant à IκBβ et IκBε, ils s'associeraient à différentes protéines, à ce jour, pas totalement caractérisées.

## 3) Gènes-cibles de NF-κB

Une fois transloqué dans le noyau, la transcription des gènes-cibles de NF-κB peut être modulée, indépendamment de NF-κB. Ainsi, la phosphorylation des sous-unités de NF-κB par des kinases nucléaires et la modification de ces sous-unités par des acétylases et des phosphatases, peut entraîner une activation transcriptionnelle ou une répression transcriptionnelle ou des effets propres du promoteur.

## V. Rôle de NF-κB dans l'oncogénèse

Les gènes-cibles de NF-κB appartiennent à quatre catégories fonctionnelles : réponse immunitaire innée, inflammation, inhibition de l'apoptose et prolifération cellulaire [262 294 252 336 292]. Ces gènes participent tous à l'oncogénèse. NF-κB, qui est souvent activé dans les cellules tumorales, peut induire les modifications cellulaires caractéristiques, définies par Hanahan et Weinberg : indépendance aux signaux de croissance et insensibilité à l'inhibition de la croissance cellulaire, échappement à l'apoptose, immortalisation, angiogénèse accrue, invasion tissulaire et formation de métastases [337]. Cependant, l'effet de l'activation de NF-κB est dépendant du contexte cellulaire et du type de *stimulus*. Le **TABLEAU N°7** présente les principaux gènes-cibles de NF-κB impliqués dans l'oncogénèse.

## 1) Rôle de NF-κB dans l'apoptose

Suivant le contexte cellulaire, NF-κB peut protéger les cellules vis-à-vis de la mort, en induisant l'expression de gènes anti-apoptotiques ou au contraire, les sensibiliser aux signaux de mort.

### a) Rôle anti-apoptotique

NF-κB est le plus souvent un inhibiteur de la mort cellulaire programmée [338] [339] [340]. L'action anti-apoptotique de NF-κB s'exerce par différents mécanismes.

**\* Activation des gènes anti-apoptotiques de la famille des IAP**

Ces gènes comprennent *XIAP, c-IAP1* et *c-IAP2*, et la *survivine* [341] [342] [343] [344] [345] [346] [347] [348] [349] [350] [351].

**\* Activation des gènes anti-apoptotiques de la famille Bcl-2**

Ces gènes comprennent *Bcl-2, Bcl-X$_L$, Bfl-1/A1, NR13* [352] [353] [354] [355] [356] [357] [358] [359] [360]. Ces molécules, en antagonisant directement l'activité des membres pro-apoptotiques de la famille Bcl-2, empêchent la libération mitochondriale de cytochrome *c* et Smac/DIABLO (Second Mitochondria-derived Activator of Caspase).

**\* Activation des gènes codant pour des molécules adaptatrices**

NF-κB peut activer d'autres gènes anti-apoptotiques, telles que les molécules adaptatrices TRAF-1 et -2 (qui inhibent l'apoptose induite par TNF-α), les molécules A20 et c-FLIP (c-FLICE-Inhibitory Protein), qui inhibe l'apoptose induite par les récepteurs de mort [361] [362] [363] [364] [365] [366].

70

* **Inhibition de la transcription de gènes pro-apoptotiques**

NF-κB peut aussi favoriser la survie cellulaire, en inhibant la transcription de molécules pro-apoptotiques, telles que la caspase 8, les récepteurs de TRAIL, DR4 et DR5) [367] [368].

**b) Rôle pro-apoptotique**

Plus rarement, NF-κB exerce une action pro-apoptotique. Cette action s'exerce par différents mécanismes.

* **Activation des gènes pro-apoptotiques, ligands des récepteurs de mort**

Ces gènes comprennent *FasL, TNF-α* et *TRAIL* [369] [370] [371] [372] [373] [374] [375] [376] [377].

* **Activation des gènes pro-apoptotiques, des récepteurs de mort**

Ces gènes comprennent *Fas, DR4, DR5* et *DR6* [374] [373] [378] [379].

* **Activation des gènes pro-apoptotiques de la famille Bcl-2**

Ces gènes comprennent *Bcl-X_s, Bax* [368] [380].

* **Inhibition de la transcription de gènes pro-apoptotiques de la famille Bcl-2**

Ces gènes appartiennent à la famille Bcl-2, Bcl-X$_L$, XIAP [381] [382]. Le **TABLEAU N°8** résume les principaux gènes-cibles de NF-κB impliqués dans l'apoptose.

## 2) Rôle de NF-κB dans la prolifération cellulaire

NF-κB contrôle la prolifération cellulaire en activant des gènes-cibles, tels que IL-2, GM-CSF (Granulocyte-Macrophage Colony-Stimulating Factor) et CD40 ligand (CD40L), qui codent pour des cytokines et des facteurs de croissance stimulant la prolifération des cellules lymphoïdes et myéloïdes. Outre ce mode d'action indirect, NF-κB active de façon directe la transcription de gènes codant pour la cycline D1 (qui comportent un site κB dans leur promoteur) [383] [384].

## 3) Rôle de NF-κB dans l'invasion et l'angiogénèse

Sous l'effet d'une activation de NF-κB, la production de certaines chémokines, facteurs de croissance pro-angiogéniques est dérégulée. L'activation de NF-κB stimule l'angiogénèse, en induisant l'expression d'IL-8 et de VEGF (Vascular Endothelial Growth Factor) [385] [386]. Des chémokines (MCP-1, IL-8) et des facteurs de croissance (TNF-α, VEGF) produits par les macrophages et les polynucléaires neutrophiles, ont leur production régulée par l'activation de NF-κB [387]. De plus, des sites κB ont été identifiés dans les promoteurs de gènes codant pour des métalloprotéinases (MMP), enzymes protéolytiques impliquées dans l'invasion tumorale. L'activation de NF-κB participerait à la destruction de la matrice extra-cellulaire [388] [389] [390]. Enfin, NF-κB régule des molécules d'adhésion (ICAM-1, VCAM-1 et ELAM-1) ou des molécules associées au potentiel métastatique tumoral comme NOS (nitric oxide synthase) [391] [390] [392].

#### 4) Rôle de NF-κB dans la transformation cellulaire

Différents oncogènes font appel à l'activation de NF-κB : Ras, c-myc, Pim-2 [393], et certains oncogènes viraux, tels que KSHV (Kaposi's sarcoma-associated herpes virus), EBV latent membrane protein (LMP-1) et HTLV-1 (Human T lymphocytic leukemia virus).

#### 5) Rôle de NF-κB dans la réponse aux agents cytotoxiques

Les agents cytotoxiques activent NF-κB, soit de façon directe, en induisant l'activation de gènes-cibles de NF-κB [394] [395] [302] [396], soit de façon indirecte, par la production d'activateurs de NF-κB (ROS (Reactive Oxygen Species), IL-1, TNF-α) ou *via* des facteurs de l'environnement local tumoral. Sous l'action des agents cytotoxiques, on a donc une activation de NF-κB chimio-induite. NF-κB est activé en réponse aux anthracyclines, aux taxanes, aux vinca-alcaloïdes et aux inhibiteurs de topoisomérase [397] [398]. Ces agents induisent une activation directe des gènes-cibles de NF-κB, *via* l'activation du complexe IKK [399]. Mais NF-κB contribue aussi à la chimiorésistance. En effet, NF-κB active l'expression du gène *mdr1*, codant pour la P-glycoprotéine (P-gp), transporteur membranaire, qui assure l'efflux des agents cytotoxiques et contribue à la chimiorésistance [400]. NF-κB peut donc être activé sous l'effet des agents cytotoxiques et dans les tumeurs, où il est souvent constitutivement activé. Dès lors, l'inhibition de NF-κB présente un double intérêt, en déplaçant l'équilibre entre la mort et la survie cellulaire, en faveur de l'apoptose et en restaurant la chimiosensibilité des cellules résistantes [401] [402] [403].

## 6) Activation de NF-κB par les tumeurs

NF-κB est constitutivement activé dans la plupart des lignées cellulaires tumorales, d'origine hématopoïétique ou cancéreuse. Il est rarement activé dans les cellules normales, à l'exception des lymphocytes T et B, des thymocytes, des monocytes et des astrocytes. En hématologie, une activation constitutive de NF-κB a été rapportée au cours du myélome multiple [404] [405] [406] des lymphomes hodgkiniens ou non [407] [408] [409] [410] [411] [412], des leucémies aiguës myéloïdes ou lymphoïdes [413] [414] [415] [416] [417], des leucémies chroniques myéloïdes ou lymphoïdes [418] [419] [420] [421]. Enfin, l'activation constitutive de NF-κB a été plus récemment décrite dans les SMD [1]. Le **TABLEAU N°9** détaille des différentes hémopathies et cancers, au cours desquels une activation constitutive de NF-κB a été observée. Nous ne détaillerons pas les différents mécanismes d'activation de NF-κB, propres à chaque hémopathie. L'activation de NF-κB peut essentiellement faire appel à trois mécanismes.

### a) Mutations de NF-κB/IκB

Des mutations génétiques des gènes codant pour NF-κB ou IκB peuvent conduire à une activation accrue de NF-κB. Des amplifications ou des réarrangements des gènes codant pour des membres de la famille NF-κB sont observés dans certaines leucémies et lymphomes. Des mutations/délétions, invalidant la fonction inhibitrice d'IκB, sont observées dans des maladies de Hodgkin.

**b) Activation d'IKK**

Une activation constitutive d'IKK peut conduire à une phosphorylation d'IκB accrue [422], observée dans des leucémies et des lymphomes.

**c) Mutation d'IκB**

Enfin, des mutations peuvent inactiver IκB (c-Rel, RelA, p50 et p52) [423]. Dans certaines leucémies et lymphomes, une sécrétion autocrine ou paracrine d'activateurs de NF-κB, conduit à l'activation constitutive de NF-κB [422].

**7) Statut d'activation de NF-κB au cours des SMD**

**a) Quel est l'état d'activation de NF-κB au cours des SMD ?**

Le statut d'activation de NF-κB au cours des SMD est controversé dans la littérature [416] [424]. L'analyse en EMSA (Electrophoretic Mobility Shift Assay), chez 17 patients myélodysplasiques, de l'activité de liaison à l'ADN de NF-κB montre une activité de liaison accrue [424]. Elle s'associe à un taux d'ARNm, évalué en RT-PCR, plus important des cytokines régulées par NF-κB (TNF-α, FasL). A l'inverse, d'autres auteurs montrent par l'analyse en EMSA et en immunofluorescence sur des cellules médullaires fraîches, une activité de liaison à l'ADN de NF-κB à un taux basal, chez 5 patients myélodysplasiques, alors qu'elle est augmentée dans 47 % des échantillons leucémiques (30 cas) [416]. Plus récemment, notre laboratoire a mené une étude sur 57 SMD. Nous avons montré, *in vitro* dans une lignée cellulaire de SMD, P39 et *ex vivo*, sur des cellules médullaires de patients atteints de SMD de haut risque, une activation constitutive de NF-κB. Les signes de l'activité de NF-κB sont démontrés en EMSA, par une activité de liaison à l'ADN de NF-κB accrue dans la lignée cellulaire P39 et dans les cellules CD34+ des SMD de haut risque. Une expérience de supershift permet de déterminer que la sous-unité p65 de NF-κB est liée à l'ADN. En immunofluorescence, en microscopie confocale, nous avons montré la localisation nucléaire de p65 dans la lignée P39 et dans les cellules CD34+ des SMD de haut risque [1] [425].

**b) Quelle est l'origine de l'activation de NF-κB dans les SMD ?**

**\* Activation intrinsèque de NF-κB dans les SMD**

La première étude, réalisée dans notre laboratoire, porte sur 57 patients myélodysplasiques et met en évidence une activation intrinsèque de NF-κB, limitée aux cellules hématopoïétiques clonales. Une détection conjointe de la localisation subcellulaire de la sous-unité p65 en immunofluorescence et des principales anomalies cytogénétiques associées aux SMD (détection de la monosomie 7 et de la trisomie 8) en FISH, est conduite dans des cellules médullaires mononucléées purifiées par centrifugation sur gradient de densité. On démontre que l'activation de NF-κB est strictement limitée aux cellules clonales. Seules les cellules clonales, porteuses des anomalies cytogénétiques, présentent une localisation nucléaire de p65, alors que les cellules euploïdes non clonales présentent p65 cytoplasmique [1].

**\* Activation extrinsèque de NF-κB dans les SMD**

Une deuxième étude, réalisée sur 24 SMD, suggère que le TNF-α, puissant activateur de la voie NF-κB, puisse activer NF-κB dans les SMD. Ces données se basent sur la corrélation entre l'expression relative des deux sous-unités du TNF-αR (R1 ou p55 *versus* R2 ou p75) et le degré d'activation de NF-κB dans les SMD. Chez les patients myélodysplasiques où l'expression de R1 est prépondérante sur celle de R2, l'activation de NF-κB est maximale. En effet, TNF-αR1 (p55) induirait préférentiellement une apoptose dépendant des caspases *via* la voie de signalisation TRADD/FADD/caspase 8/caspase 3. Alors que cette première voie serait incompatible avec l'activation de NF-κB, la voie du TNF-αR2 (p75) activerait NF-κB [426]. L'activation de NF-κB observée au cours des SMD, impliquerait donc une voie paracrine et suggèrerait un rôle dans la progression leucémique de la maladie, de l'expression de TNF-αR1 et 2 [425]. On peut émettre l'hypothèse que les cellules myélodysplasiques porteuses d'anomalies cytogénétiques, sont à l'origine d'une activation de NF-κB et d'une expression différentielle des deux types de TNF-αR, ces deux phénomènes étant indépendants. Cette hypothèse suggèrerait que l'activation de NF-κB, observée dans les SMD, soit intrinsèque. On peut aussi émettre l'hypothèse que les cellules clonales de SMD déterminent l'expression des deux sous-unités des TNF-αR et conditionnent leur capacité à activer NF-κB et à répondre au TNF-α du micro-environnement médullaire. Dans cette deuxième hypothèse, l'activation de NF-κB aurait une origine extrinsèque.

**c) Le statut d'activation de NF-κB est-il corrélé au stade des SMD ?**

De même que le statut d'activation de NF-κB est controversé au cours des SMD, la corrélation entre statut d'activation de NF-κB et stade des SMD l'est. Certains auteurs n'ont identifié aucune corrélation entre le statut d'activation de NF-κB et la classification FAB des SMD [424]. Dans ce travail, l'activité de NF-κB a été étudiée au niveau de la cellule souche et non sur des populations blastiques purifiées de patients myélodysplasiques. La plupart des auteurs démontrent une corrélation entre le statut d'activation de NF-κB et le stade des SMD, *via* une corrélation entre l'expression des gènes-cibles de NF-κB et leur action sur l'apoptose. On rappelle qu'une des hypothèses physiopathologiques dans les SMD que nous avons privilégiée, est celle d'une dérégulation de l'apoptose. L'expression de certains gènes-cibles de NF-κB, impliqués dans la régulation de l'apoptose, Bcl-2, Bcl-X$_L$, c-IAP et FLIP, ont été corrélés à la progression clinique des SMD [154] [151] [153]. Alors que l'expression de protéines pro-apoptotiques de la famille Bcl-2 (Bak, Bad, Bcl-X$_s$) possède une valeur pronostique favorable dans les SMD, l'expression de protéines anti-apoptotiques (Bcl-2, Bcl-X$_L$) a une valeur pronostique péjorative [152]. La surexpression de XIAP joue un rôle dans l'inhibition de l'apoptose et la transformation leucémique des SMD [153]. Une dérégulation de FLIP et de ses variants d'épissage (long et court) a été mise en évidence dans les moelles myélodysplasiques [425] [427]. Une corrélation négative entre l'expression de FLIP$^{long}$ et l'apoptose a été rapportée, le *ratio* FLIP$^{long}$/FLIP$^{court}$ augmente lors de la progression des SMD. De plus, le *ratio* FLIP$^{long}$/FLIP$^{court}$ est positivement corrélé à l'activité de NF-κB, suggérant que le taux relatif des deux isoformes de FLIP, joue un rôle dans l'inhibition de l'apoptose, lors de la transformation leucémique des SMD [425] [154]. Notre laboratoire a identifié une corrélation négative entre la translocation nucléaire de p65 et le degré d'apoptose spontanée. De plus, une corrélation positive entre la translocation nucléaire de p65 et le degré d'infiltration médullaire blastique et la progression de la maladie a été montrée [1].

Ces données confortent la corrélation entre le statut d'activation de NF-κB et le stade des SMD, *via* un mécanisme indirect d'action sur des gènes-cibles de NF-κB, impliqués dans l'apoptose.

## VI. Stratégies d'inhibition de NF-κB

### * Intérêts de l'inhibition de NF-κB

L'inhibition de NF-κB présente un double intérêt dans le traitement des tumeurs. Cette inhibition prévient le développement de chimiorésistance et restaure la chimiosensibilité des cellules tumorales [403] [428] [429] [430]. De plus, cette inhibition déplace l'équilibre entre apoptose et survie cellulaire en faveur de l'apoptose. La **FIGURE N°6** résume les effets de l'inhibition de NF-κB sur des cellules tumorales traitées par chimiothérapie.

### * Mécanismes d'inhibition de NF-κB

Différentes stratégies d'inhibition existent, selon leur cible d'action sur la voie NF-κB. L'inhibition de la voie NF-κB fait essentiellement appel à trois mécanismes :

- Un blocage du signal (liaison du ligand à son récepteur) résulte en une inhibition complète de l'effet du *stimulus.*

- Une action sur une étape cytoplasmique de l'activation de NF-κB, par blocage d'un constituant spécifique de la voie de signalisation (recrutement d'une molécule adaptatrice au niveau du récepteur, activation du complexe IKK ou dégradation d'IκB).

- Un blocage de l'activité nucléaire de NF-κB, par inhibition de sa translocation au noyau, de sa liaison à l'ADN, par modification nucléaire de NF-κB, ou par interaction avec les cibles transcriptionnelles de NF-κB. La **FIGURE N°7** détaille des différentes cibles d'action sur la voie NF-κB des inhibiteurs de NF-κB.

### 1) Inhibition en amont du complexe IKK

Le complexe IKK est souvent le premier « nœud » d'intégration de la voie de signalisation de NF-κB. Une stratégie d'inhibition de NF-κB consiste donc à bloquer le signal, avant qu'il n'active IKK. L'inhibition du signal d'activation de la voie NF-κB, conduit à une abolition complète de l'effet du signal. Des anticorps qui agissent sur le couple TNF/TNFR-1, tels que l'infliximab (Remicade®) et l'etanercept (Enbrel®), sont indiqués dans le traitement du psoriasis, de la maladie de Crohn, de la polyarthrite rhumatoïde résistante, de la spondylarthrite ankylosante, maladies associées à une activation de NF-κB [431] [432]. Des inhibiteurs des kinases, tels que LY294002 et Wortmannin et des inhibiteurs de la kinase AKT ou PKC (Rottlerin), vont réguler indirectement l'activation de NF-κB. Des anti-oxydants, tels que la NAC et le PDTC sont de puissants inhibiteurs de NF-κB, au mode d'action peu connu [433].

## 2) Inhibition de l'activité du complexe IKK

Les inhibiteurs de l'activité du complexe IKK sont principalement de trois types : analogues de l'ATP, composés présentant des effets allostériques sur la structure des IKK et composés interagissant de façon spécifique sur la boucle d'activation d'IKKβ.

### a) Analogues de l'ATP

Par des tests de criblage à haut débit *in vitro,* utilisant des kinases recombinantes purifiées ou immunoprécipitées, des inhibiteurs dirigés contre la sous-unité catalytique du complexe IKK, ont été identifiés. Il s'agit de composés organiques, analogues de l'ATP, qui rentrent en compétition avec la fixation du substrat ATP [434].

### b) Action allostérique sur IKK

#### * Inhibiteurs d'IKKα et β

Des composés, initialement synthétisés pour inhiber l'activité kinase d'IKKβ, inhibent aussi IKKα, à des concentrations micromolaires [434]. Par son implication dans la voie classique et son rôle prépondérant dans la voie alternative, IKKα est une cible de choix dans l'inhibition de NF-κB. Certains inhibiteurs ont été développés dans une indication clinique spécifique, tels que le PS-1145, l'IMD-0354 et le BMS-345542 [435] [436] [437] [438]. L'AS602868 est un inhibiteur pharmacologique spécifique de la kinase IKKβ, qui inhibe l'activation de NF-κB. *In vitro,* sur des cellules primaires de 18 patients LAM, ce composé exerce un effet pro-apoptotique [439].

**\* Peptide NBD**

Le peptide NBD (NEMO Binding Domain) est un peptide dérivé de la séquence NBD d'IKKβ, permettant la liaison d'IKKβ à IKKγ. Sur le plan structural, ce peptide est obtenu en greffant en N-Terminal, une séquence *antennapedia*/pénétratine, le rendant capable de pénétrer dans les cellules. Sur le plan fonctionnel, ce peptide inhibe l'interaction entre IKKβ et NEMO, et donc l'activation de la voie classique de NF-κB par le TNF-α [277]. Ce peptide a des propriétés anti-inflammatoires *in vivo* dans des modèles murins d'arthrite induite par le collagène [440] ou d'encéphalomyélite allergique expérimentale [441].

**\* Peptide NEMO**

Sur le plan structural, le peptide « NEMO » est un peptide dérivé de NEMO, obtenu en juxtaposant la séquence minimale d'oligomérisation CC2-LZ à des peptides *antennapedia*, le rendant capable de pénétrer dans les cellules [442]. Sur le plan fonctionnel, peptide inhibe l'oligomérisation de NEMO de façon directe, et donc l'activation de la voie classique de NF-κB. Le peptide le plus intéressant est le peptide LZ, qui induit l'apoptose dans différentes lignées cellulaires hématopoïétiques, notamment de SMD et LAM, par comparaison aux cellules normales [443]. Ce peptide présente aussi un effet pro-apoptotique sur des cellules de lymphome T cutané [444]. Ce peptide a été utilisé dans des modèles murins d'inflammation, après administration locale et systémique [277][445].

**c) Action sur la boucle d'activation d'IKKβ**

De nombreux anti-inflammatoires non stéroïdiens, inhibiteurs de cyclo-oxygénase, (aspirine, salicylate de sodium, sulindac® et analogues,

sulphasalasine® et dérivés) peuvent inhiber l'activité catalytique d'IKKβ.
L'aspirine et le salicylate de sodium pourraient agir comme inhibiteurs
compétitifs de l'ATP sur son site de fixation [446] [447] [448] [449] [450] [451] [452] [453] [454].
Certains agents immunomodulateurs bloquent l'activité d'IKK
(Thalidomide) [455]. Des métabolites des prostaglandines, cyclopenténone
prostaglandine (CyPG) sont des anti-inflammatoires qui agissent, au moins
en partie, en inhibant l'activité d'IKKβ [456]. D'autres métabolites des
prostanoïdes, tels que 15d-PGJ2 ou PGA peuvent aussi inhiber NF-κB.
Pour ces deux types de métabolites, la cystéine 179, située dans la boucle
d'activation d'IKKβ, est modifiée [457].

### 3) Agents stabilisant IκB ou inhibant la dégradation d'IκB

#### a) Régulation positive d'IκB

Certaines molécules inhibent NF-κB, en régulant positivement
l'expression d'IκB. Le maintien d'un taux important d'IκB dans le
cytoplasme, empêche la translocation nucléaire de NF-κB.

#### b) Inhibiteurs de la dégradation d'IκB : inhibiteurs de l'ubiquitination et inhibiteurs du protéasome

Le protéasome 26S est un complexe catalytique dépendant de l'ATP,
constitué de deux sous-unités régulatrices 19S qui chapeautent un noyau
cylindrique central protéolytique 20S, assurant la reconnaissance du
substrat et sa dégradation, respectivement. La voie de l'ubiquitine-
protéasome est la principale voie de dégradation des protéines. Le
protéasome reconnaît les protéines devant être dégradées, par la présence

de chaînes d'ubiquitine fixées sur les protéines. Le protéasome permet ainsi l'élimination rapide de protéines impliquées dans la progression du cycle cellulaire (cyclines, inhibiteurs de kinases dépendant des cyclines), caspases, protéines de la famille Bcl-2 et NF-κB. Les inhibiteurs de la voie ubiquitine-protéasome, inhibent la voie de NF-κB, en stabilisant IκB et en empêchant sa dégradation. Les molécules inhibitrices du protéasome sont plus fréquentes que les molécules inhibant l'ubiquitination. Les cinq grandes classes d'inhibiteurs du protéasome comprennent les aldéhydes peptidiques, les peptides vinyl-sulphones, les boronates, les époxikétones et les β-lactones, qui inhibent l'activité chymotrypsine-like du protéasome [458]. La lactacystine, métabolite extrait de *Streptomyces*, inhibe les sous-unités catalytiques β [458]. Le MG132, produit synthétique, cible les cathepsines et les calpaïnes [459]. Bortezomib (Velcade®, Millenium, anciennement PS341), dérivé de l'acide boronique, est un inhibiteur réversible de la sous-unité 26S du protéasome, qui inhibe la dégradation d'IκB, la translocation nucléaire de NF-κB et la dégradation de p100 [460]. Il agit sur d'autres cibles que NF-κB et son action thérapeutique ne serait donc pas exclusivement liée à l'inhibition de NF-κB. Des inhibiteurs des enzymes E3 ubiquitine ligase et E2 ubiquitine-conjugating enzyme, ont été développés, sans une grande sélectivité sur la voie NF-κB. D'autres agents, le BAY 11-7082 et le BAY 11-7085, respectivement (E)-3-(4-méthylphénylsulphonyl)-2-propènenitrile et (E)-3-[(4-*t*-butylphényl)sulphonyl]-2-propènenitrile inhibent la phosphorylation d'IκBα. La dégradation par le protéasome d'IκBα est inhibée, permettant la séquestration de NF-κB dans le cytoplasme sous forme inactive [461].

Les inhibiteurs de l'activité du complexe IKK et les agents stabilisant IκB ou inhibant sa dégradation, agissent sur une étape cytoplasmique de l'activation de NF-κB.

## 4) Régulation des fonctions nucléaires

Les dernières étapes de la voie de NF-κB ont souvent été utilisées comme des indicateurs de l'inhibition de NF-κB (réduction de l'activité de liaison de NF-κB à l'ADN évaluée en EMSA ou réduction de l'activité « reporter » de gènes-cibles de NF-κB, couplés à de la GFP (Green Fluorescent Protein)).

### a) Inhibiteurs de la translocation nucléaire de NF-κB

Une stratégie d'inhibition de NF-κB consiste à utiliser des peptides perméants contenant la séquence NLS de p50 [462]. Le peptide SN50 inhibe la translocation nucléaire de NF-κB contenant la sous-unité p50, en saturant la machinerie d'import nucléaire.

### b) Super-répresseur d'IκB

L'inhibition de la liaison à l'ADN de NF-κB peut être obtenue en utilisant des formes mutantes d'IκB, appelées super-répresseurs. Le super-répresseur d'IκBα est un dominant négatif d'IκBα [444], qui ne peut pas être phosphorylé, du fait d'une mutation au niveau des résidus de sérine 32 et 36 et n'est donc pas dégradé par le protéasome.

### c) Inhibiteurs de la liaison à l'ADN de NF-κB

L'inhibition de la transcription des gènes régulés par NF-κB peut être obtenue par l'utilisation de séquences d'ADN-leurre (decoy d'oligonucléotides, anti-sens de RelA) ou par RNA interférence (siRNA), contenant des sites d'interaction κB avec NF-κB. Cette stratégie a été utilisée dans des modèles murins de dermatite atopique ou de polyarthrite rhumatoïde [463]. La biodisponibilité limitée de ces agents polaires et de grande taille, reste un facteur limitant leur usage en clinique.

**d) Inhibiteurs de l'activité transcriptionnelle de NF-κB**

Les inhibiteurs de l'activité transcriptionnelle de NF-κB, devraient présenter une grande efficacité et spécificité. En effet, les différents dimères de NF-κB ciblent différents promoteurs, et spécifiquement en fonction du *stimulus* et du type cellulaire. Les glucocorticoïdes agissent sur NF-κB, *via* l'interaction entre le récepteur des glucocorticoïdes et RelA. Cette interaction inhibe l'activité transcriptionnelle de NF-κB de façon directe, en agissant sur l'activité trancriptionnelle de RelA et de façon indirecte, en inhibant l'interaction de RelA avec le promoteur.

## VII. Conclusion sur le rôle de NF-κB dans l'oncogénèse

Le facteur de transcription NF-κB joue un rôle essentiel au cours de l'oncogénèse. Suivant le type cellulaire et la nature du *stimulus*, il exerce un rôle pro- ou anti-apoptotique. Il est généralement associé à une fonction anti-apoptotique. NF-κB peut être activé en réponse à des agents cytotoxiques et de façon constitutive dans certaines tumeurs. Son inhibition présente donc un intérêt potentiel en traitement adjuvant de la chimiothérapie, en restaurant la chimiosensibilité et en modulant la balance entre les facteurs anti- et pro-apoptotiques.

Le facteur de transcription NF-κB est habituellement associé à une fonction anti-apoptotique. Il joue un rôle prépondérant dans la tumorigénèse, notamment par son action sur l'apoptose. Les agents cytotoxiques conduisent à l'activation de NF-κB et peuvent conduire au développement de chimiorésistance. Son activation constitutive a été montrée dans de nombreuses pathologies malignes, cancéreuses ou hématologiques. Récemment, notre laboratoire a mis en évidence une activation constitutive de NF-κB dans les SMD de haut risque. Nous avons cherché à caractériser plus précisément les mécanismes moléculaires conduisant à cette activation constitutive. La compréhension de l'activation de NF-κB permettra de définir des stratégies d'inhibition de NF-κB ciblées, dans le traitement des SMD de haut risque. Les liens entre NF-κB et la mort cellulaire de type apoptose sont bien établis. A l'inverse, les liens de NF-κB avec d'autres types de mort, comme l'autophagie, sont moins connus.

Après la présentation du facteur de transcription NF-κB, où le statut d'activation au cours des SMD a été développé, nous allons maintenant rappeler certaines données sur la mort cellulaire, notamment l'apoptose et l'autophagie.

## C. MORT CELLULAIRE

La mort cellulaire programmée est un processus actif, contrôlé, réversible, conduisant à la mort cellulaire. Elle nécessite l'activité de gènes spécifiques. Elle ne s'accompagne d'aucune réponse inflammatoire. Son rôle est majeur en physiologie, au cours du développement et en pathologie. La mort cellulaire programmée désigne l'apoptose (mort de type I), la mort autophagique (mort de type II) et la mort cellulaire de type nécrotique (mort de type III) [464]. Cette classification repose sur des données morphologiques. Nous ne détaillerons que les deux premiers types de mort cellulaire, l'apoptose et la mort autophagique.

### I. Définition de l'apoptose

L'apoptose est un processus physiologique actif, qui participe au maintien de l'homéostasie cellulaire et tissulaire. Ce type de mort cellulaire programmée détruit les cellules potentiellement dangereuses pour l'organisme, qu'il s'agisse des cellules immunitaires autoréactives ou des cellules tumorales. En physiologie, l'apoptose est essentielle au remodelage tissulaire lors de l'embryogénèse et au fonctionnement du système immunitaire [465] [466] [467]. En pathologie, sa dérégulation est associée à des maladies neuro-dénégératives, des manifestations d'auto-immunité et à des pathologies cancéreuses. C'est un processus très conservé au cours de l'évolution, initialement décrit chez le nématode *Caenorhabditis elegans (C. elegans)*.

## II. Caractéristiques de l'apoptose

### 1) Caractéristiques morphologiques

Le terme d'apoptose employé par Kerr [465] [468] correspond à la description morphologique d'un type de mort cellulaire. L'apoptose s'accompagne d'un arrondissement de la cellule, de pycnose (réduction du volume cellulaire), d'une condensation de la chromatine, de la fragmentation du noyau (karyorhexis), de modifications minimes des organelles cytoplasmiques, d'un bourgeonnement de la membrane plasmique (« blebbing ») et d'un respect de l'intégrité de la membrane plasmique, jusqu'à des temps tardifs de l'apoptose. Alors que le contenu des lysosomes reste intact, des fragments cellulaires vont former des corps apoptotiques [469]. Les cellules apoptotiques et les corps apoptotiques seront rapidement phagocytés, sans entraîner de réponse inflammatoire [470].

### 2) Caractéristiques biochimiques

#### a) Fragmentation de l'ADN

L'apoptose est un processus actif, caractérisé par la fragmentation internucléosomale de l'ADN, conduisant à la visualisation de fragments d'ADN, sous forme de barreaux d'échelle en électrophorèse sur gel d'agarose.

#### b) Protéolyse limitée

Lors de l'apoptose, les protéines cellulaires sont clivées et dégradées par protéolyse contrôlée. Cette protéolyse est assurée par les caspases, protéases à cystéine, qui clivent leur substrat spécifiquement après un résidu d'acide aspartique. Des protéines de structure (actine, fodrine, lamines) et des protéines de réparation de l'ADN (PARP (Poly-ADP-Ribose Polymérase)) ont été décrites comme clivées lors de l'apoptose.

### c) Modifications de la membrane plasmique

La composition du feuillet externe de la membrane plasmique est modifiée, avec exposition sur la face externe de la bicouche lipidique de résidus de phosphatidylsérine, normalement orientés vers le feuillet interne. Ce changement permet l'identification comme cellule apoptotique par l'environnement, sans déclencher une réaction inflammatoire [471]. D'autres modifications de la membrane plasmique, dans la nature des glycosylations interviennent.

### III. Mécanismes de l'apoptose

Deux voies distinctes de signalisation, appelées voie extrinsèque et intrinsèque, conduisent à la mort cellulaire apoptotique. Ces deux voies convergent vers l'activation des caspases effectrices 3, 6 et 7 [472]. La **FIGURE N°8** illustre les deux voies de signalisation de l'apoptose.

### 1) Initiation de l'apoptose

#### a) Voie extrinsèque : Voie des récepteurs de mort

**\* Voie apoptotique caspase dépendante**

La voie extrinsèque est activée par des signaux extrinsèques, lors de la liaison d'un ligand extra-cellulaire à son récepteur de mort.

Les récepteurs de mort comprennent la famille des récepteurs du TNF, Fas/CD95 (APO-1), TNFR-1 (p55 ou CD120a) et -2, DR3 (APO-3) ; les récepteurs de TRAIL, TRAIL-R1 (DR4) et TRAIL-R2 (DR5) [473 474]. Sur le plan structural, ces récepteurs sont des protéines membranaires, contenant un domaine de liaison du ligand extra-cellulaire, un domaine transmembranaire et un domaine cytoplasmique. Sur le plan fonctionnel, ces récepteurs sont activés par trimérisation.

Les ligands extra-cellulaires appartiennent à la superfamille du TNF : CD95 ligand (CD95L), TNF-α et lymphotoxine α (liaison à TNFR-1), APO-3 ligand (APO-3L) (liaison à DR3) et APO-2 ligand (APO-2L ou TRAIL) (liaison à TRAIL-R1 et TRAIL-R2) [473 475 476].

Après la liaison du ligand extra-cellulaire à son récepteur spécifique, le récepteur activé, recrute des protéines intra-cellulaires, molécules adaptatrices.

- Dans le cas de l'interaction Fas/FasL, le domaine DD du récepteur d'interaction protéique intra-cellulaire, permet la liaison à des molécules adaptatrices, *via* DD, appelées FADD [477 478,479].

- Dans le cas de l'interaction TNF-α/TNFR-1, la molécule adaptatrice est TRADD, qui se lie ensuite à FADD. Deux types de complexes sont impliqués dans cette signalisation. Les complexes de type I, membranaires, constitués de TNFR1, TRADD1 et de la kinase RIP1 (Receptor-Interacting Protein 1), TRAF2 et c-IAP1, activent les voies de survie JNK et NF-κB. Les complexes de type II, cytoplasmiques, dans lesquels TRADD et RIP1, dissociés du récepteur TNFR1, s'associent à FADD et à la caspase 8, conduisent à la mort cellulaire, en l'absence d'activation de NF-κB [480].

En plus du domaine DD, FADD possède le domaine DED, domaine d'interaction protéique proche sur le plan structural du DD et permettant la liaison à des pro-caspases inactives. Le regroupement des pro-caspases 8 et

10, du récepteur et de la molécule adaptatrice FADD, forme le DISC. Les caspases initiatrices 8 et 10 sont recrutées par clivage [481] [482] [483] [484].

Dans les cellules de type I (dont les lymphocytes), l'activation par la caspase 8 seule, suffit à activer les caspases effectrices et à induire l'apoptose. Dans les cellules de type II (dont les hépatocytes), le taux de la caspase 8 est insuffisant pour initier l'apoptose. La caspase 8 activée stimule la libération de facteurs par la mitochondrie, qui amplifient le signal apoptotique [485] [486] [487]. Bid, clivé en t-Bid par la caspase 8, transloque vers la mitochondrie. Il va favoriser l'oligomérisation de Bax ou Bak, qui vont s'insérer dans la membrane mitochondriale externe, permettant la libération de petites molécules associées à la voie intrinsèque de l'apoptose : Smac/DIABLO, cytochrome $c$, AIF et Endo G.

La seule étape régulée de la voie extrinsèque de l'apoptose, est celle de la perméabilisation de la membrane mitochondriale externe, où des membres de la famille Bcl-2 peuvent stopper la progression vers la mort cellulaire [488]. Une fois le cytochrome $c$ libéré, la cascade des caspases en aval est irréversible [489].

L'activation de la caspase 8 établit un lien entre l'apoptose par la voie extrinsèque et l'apoptose par la voie mitochondriale et amplifie ainsi le signal des récepteurs de mort [490] [491].

### * Voie apoptotique caspase indépendante

Certaines voies de mort ne nécessitent pas l'activation des caspases [492] [493]. Ces voies qui partagent certaines des caractéristiques de la voie classique dépendante des caspases, sont appelées « nécrotiques-like » ou « apoptotiques-like » [494].

### b) Voie intrinsèque : Voie mitochondriale

La voie intrinsèque de l'apoptose est médiée par la mitochondrie. Cette voie est activée en réponse à des signaux de stress intra-cellulaire (dommages de l'ADN, ROS, infection virale, activation d'oncogènes, privation en facteurs de croissance, hypoxie).

Cette voie conduit à la perméabilisation de la membrane mitochondriale externe [495]. La perméabilisation s'accompagne d'une chute du potentiel transmembranaire mitochondrial ($\Delta\psi$m). $\Delta\psi$m résulte de l'export de protons hors de la membrane interne mitochondriale, médié par la chaîne de transport des électrons, au cours de la chaîne respiratoire. Elle entraîne la libération de petites molécules pro-apoptotiques.

* Le cytochrome $c$, composant essentiel de la chaîne respiratoire, initialement localisé dans l'espace intermembranaire mitochondrial, est libéré dans le cytoplasme [496]. Il se lie à apoptotic protease-activating factor-1 (Apaf-1) et à la pro-caspase 9 pour former l'apoptosome, en présence d'ATP [497]. La caspase 9 activée est liée *via* CARD (Caspase Recruitment Domain) à la molécule adaptatrice Apaf-1 [498]. L'apoptosome entraîne l'activation des caspases, dont la caspase 3, qui clive différents substrats, tels que l'inhibitor of caspase-activated DNase (ICAD) et poly(ADP-ribose) polymerase (PARP).

* Le Smac/DIABLO inhibe les IAP et la survivine et active ainsi les caspases et l'apoptose [499] [500] [501].

* L'Omi/HtrA2 (Omi stress-regulated endoprotease/high temperature requirement protein A2) est une sérine protéase qui inhibe les IAP et active la cascade des caspases [502] [503].

\* L'AIF [504] [505] [506] [507], flavoprotéine très conservée de l'espace intermembranaire mitochondrial, à la fonction oxydo-réductase, va transloquer dans le noyau. Il induit la fragmentation de l'ADN et la condensation de la chromatine, indépendamment des caspases [503] [508].

\* L'endonucléase G [509], protéine mitochondriale codée par le noyau, va transloquer dans le noyau. Il induit la fragmentation internucléosomale de l'ADN [503] [510].

\* D'autres facteurs pro-apoptotiques, caspases 2 et 9 sont libérés par la mitochondrie.

La voie de signalisation mitochondriale et des récepteurs de mort sont connectées à différents niveaux [511]. Le clivage de la caspase 6, mis en jeu dans la voie mitochondriale, pourrait exercer un rétrocontrôle sur la voie des récepteurs de mort, en clivant la caspase 8 [512].

## 2) Exécution de l'apoptose : Signalisation pro-apoptotique

### \* Caspases

Les caspases sont des protéases présentes comme zymogènes inactifs, sous la forme de chaîne unique (procaspases de 30 à 50 kDa), comprenant trois domaines, un prodomaine en N-Terminal, une grande et une petite sous-unités [513]. Les caspases sont activées, après protéolyse au niveau du résidu d'acide aspartique. Au cours de l'activation des caspases, les zymogènes sont clivés en une grande (p20, 20 kDa) et une petite (p10, 10 kDa) sous-unités. La caspase active est un hétérotétramère composé de deux grandes et deux petites sous-unités, avec deux sites actifs par molécule [472].

Le groupe des caspases impliquées dans l'apoptose, se divise en deux sous-groupes fonctionnels [514].

Les caspases initiatrices (caspases 2, 8, 9 et 10) possèdent un long prodomaine N-Terminal, contenant des motifs d'interactions avec des protéines intra-cellulaires (CARD ou DED). Leur activation est généralement déclenchée par leur oligomérisation (activation auto-catalytique) après interaction avec une protéine adaptatrice.

Les caspases effectrices (caspases 3, 6 et 7) possèdent un prodomaine court ou absent. Leur activation nécessite le clivage par une caspase initiatrice ou par le granzyme B.

Les caspases effectrices vont cliver des substrats cellulaires, appelés substrats de mort, conduisant aux caractéristiques morphologiques et biochimiques caractéristiques de l'apoptose. Le clivage des lamines nucléaires conduit à la condensation chromatinienne et à la fragmentation nucléaire. Le clivage d'ICAD entraîne la fragmentation de l'ADN [497] [515]. Le clivage de protéines du cytosquelette, telles que l'actine, la plectine, ROCK1 (Rho Kinase 1) et la gelsoline, conduit à la fragmentation cellulaire, au « blebbing » et à la formation des corps apoptotiques.

### 3) Régulation de l'apoptose : Signalisation anti-apoptotique

La signalisation apoptotique de la cellule est étroitement contrôlée [516]. La **FIGURE N°9** résume les principales molécules intervenant dans la régulation des deux voies de signalisation de l'apoptose.

## a) Famille Bcl-2

La famille Bcl-2 joue un rôle essentiel dans le contrôle de la voie intrinsèque de l'apoptose [517]. Le membre fondateur de la famille Bcl-2 est le produit du proto-oncogène Bcl-2, identifié au point de cassure t(14 ;18), dans le lymphome folliculaire [518]. Les protéines de la famille Bcl-2 sont extrêmement conservées au cours de l'évolution des invertébrés comme *C. elegans*, aux mammifères.

La famille des protéines Bcl-2 se divise en trois sous-familles [519].

**\* Membres anti-apoptotiques (Bcl-2, Bcl-X$_L$, Bcl-W, Mcl-1, Boo/Diva, NR-13 et Bfl-1/A1) :**

Ces protéines présentent une analogie de séquence au sein des quatre régions BH (Bcl-2 Homology domain), de BH1 à BH4.

**\* Membres pro-apoptotiques à domaines BH multiples : Bax, Bak, Bok/Mtd et Bcl-rambo**

Ces protéines sont dépourvues de domaine BH4 et présentent une homologie de séquence en BH1, BH2 et BH3.

**\* Membres pro-apoptotiques à domaines « BH3 only » : Bik/Nbk, Bad, Bid, Bim/Bod, Hrk (DP5), Noxa, Blk, Nix (Bnip3), Bnip3L, Puma, p103, Bmf et Bcl-G**

Ces protéines présentent une homologie de séquence au niveau de la région BH3.

Le *ratio* relatif entre les membres anti et pro-apoptotiques de la famille Bcl-2 conditionne la sensibilité ou la résistance des cellules aux différents *stimuli* apoptotiques.

## b) IAP

Les IAP se lient aux caspases et les inhibent de façon directe [344]. Les IAP fonctionneraient comme des ubiquitine ligases, en favorisant la dégradation des caspases, auxquelles elles se lient [520]. Sur le plan structural, les IAP sont caractérisés par le domaine BIR (Baculoviral IAP Repeat). La famille des IAP comporte essentiellement : XIAP, c-IAP1, c-IAP2, NAIP, et la survivine. Les IAP sont inhibées par Smac/DIABLO. L'activité des IAP est étroitement contrôlée par NF-κB, qui stimule l'expression de c-IAP1, c-IAP2 et XIAP.

## c) FLIP

FLIP (FADD-Like IL-1β-Converting Enzyme-like Protease) interfère avec l'initiation de l'apoptose, en agissant au niveau des récepteurs de mort. Deux variants d'épissage ont été identifiés, long (FLIP$_L$) et court (FLIP$_C$), présentant une homologie structurale avec la procaspase 8, sans en posséder le site catalytique. De fait, FLIP se lie au DISC, inhibant ainsi le clivage et l'activation de la caspase initiatrice, caspase 8.

## IV. Définition de l'autophagie

La cellule eucaryote présente deux principales voies principales et indépendantes de dégradation, le protéasome et l'autophagie. Alors que le système ubiquitine-protéasome dégrade des protéines de demi-vie brève, l'autophagie assure la dégradation des protéines cytosoliques de longue demi-vie et des organelles. L'autophagie, phénomène de digestion partielle de la cellule, est un processus très conservé chez les eucaryotes, au cours duquel le cytoplasme est séquestré dans des vésicules, appelées vésicules autophagiques. On distingue trois formes d'autophagie : l'autophagie médiée par les protéines chaperonnes, la macroautophagie (appelée par la suite autophagie) et la microautophagie [521] [522]. Ces formes diffèrent selon la voie de signalisation par laquelle le matériel cytoplasmique est délivré au lysosome, voie finale et commune de dégradation. Le **TABLEAU N°10** résume les principales caractéristiques morphologiques de l'apoptose et de l'autophagie.

## 1) L'autophagie : Mécanisme cytoprotecteur

La relation entre l'autophagie et la mort cellulaire est complexe, car l'autophagie peut être impliquée aussi bien dans la mort cellulaire que dans la survie, suivant le contexte cellulaire [523] [524,525] [526] [527]. En situation physiologique, l'autophagie assure le maintien de l'homéostasie cellulaire. Elle participe au renouvellement continu des constituants intra-cellulaires, protéines cytosoliques solubles, organelles (mitochondries, peroxysomes, appareil de Golgi et réticulum endoplasmique) [528] [529] [530]. Dans des conditions environnementales défavorables (privation en nutriments, hypoxie ou température élevée), l'autophagie agit comme un mécanisme cytoprotecteur de défense [531] [532] [533]. L'élimination par le processus autophagique des structures internes endommagées limite les dommages génotoxiques, causés par les agents oxydants et empêche la libération de substances pro-apoptotiques conduisant à la mort cellulaire. L'autophagie agit aussi comme une réponse adaptative, car elle libère l'énergie nécessaire au fonctionnement minimal de la cellule, par la dégradation de macromolécules intra-cellulaires [534].

L'autophagie exerce un effet cytoprotecteur, résultant d'une part, de sa fonction physiologique de maintien de l'homéostasie cellulaire et d'autre part, d'une inhibition de l'apoptose, en situation de stress.

## 2) L'autophagie : Mécanisme de mort cellulaire

Au cours du développement, l'autophagie participe au remodelage tissulaire, à la croissance et à la différenciation cellulaires [535] [536] [537,538] [539]. L'autophagie est impliquée dans le contrôle de la mort des cellules cancéreuses [540] [525]. La mort autophagique est préférentiellement observée, quand la voie apoptotique est bloquée. En pathologie, la dérégulation de l'autophagie peut conduire à des maladies neuro-dégénératives [541], des cardiomyopathies [542], myopathies [543], maladies infectieuses ou cancers [544]. Le **TABLEAU N°11** résume le rôle de l'autophagie au cours de la tumorigénèse, avec une action à la fois pro- et anti-tumorale.

L'autophagie exerce un effet cytotoxique, directement, par l'induction d'une mort autophagique de type II massive et indirectement, par l'induction d'une mort apoptotique de type I, faisant suite à l'autophagie.

## V. Caractéristiques de l'autophagie

### 1) Caractéristiques morphologiques

L'autophagie se caractérise par la formation de vacuoles autophagiques [539]. Les vacuoles cytoplasmiques à membrane double ou multiple, englobant du cytoplasme ou des organelles (Appareil de Golgi, mitochondrie, réticulum endoplasmique), sont des vacuoles précoces appelées autophagosomes. Ces vacuoles sont formées *de novo*, après trois temps de nucléation, assemblage et d'élongation, servant à isoler les constituants à dégrader [545]. Les vacuoles cytoplasmiques à membrane simple, obtenues par la fusion de la membrane externe des autophagosomes et des lysosomes, sont des vacuoles tardives appelées autolysosomes. Leur contenu sera éliminé par des hydrolases lysosomales [546]. La **FIGURE N°10**

rappelle les différentes étapes au cours de la vacuolisation autophagique.
L'autophagie ne s'accompagne pas de condensation de la chromatine.

## 2) Caractéristiques biochimiques

L'activité autophagique a été mesurée à l'aide de méthodes
biochimiques. La protéine LC3 (Microtubule-associated protein 1 light
chain 3), qui présente environ 30 % d'homologie de séquence avec Atg8,
se localise spécifiquement dans la membrane des autophagosomes. Elle
peut donc servir de marqueur de la membrane autophagique [547]. *In vitro,*
l'utilisation de vecteurs d'expression GFP-LC3 permet la détection des
vésicules autophagiques (quantification et localisation de l'autophagie). *In
vivo,* des souris transgéniques exprimant GFP-LC3, permettent la détection
des autophagosomes.

## VI. Mécanismes de l'autophagie

La signalisation autophagique est un processus dynamique, régulé
différentiellement par les PI3K de classe I et III.

## 1. Voie de signalisation PI3K-AKT-mTOR

Cette voie de signalisation comprend la sérine-thréonine kinase AKT,
située en aval de la PI3K de classe I, qui active mTOR (Mammalian Target
Of Rapamycin). La voie PI3K-AKT-mTOR est activée dans les cellules
cancéreuses, *via* la liaison des facteurs de croissance à leurs récepteurs.
Cette voie conduit à l'inhibition de l'autophagie.

A l'inverse, la PI3K de classe III entraîne l'activation de l'autophagie.
Cette kinase intervient dans les stades précoces de la formation des

vésicules d'autophagie, en favorisant la séquestration du matériel cytoplasmique au sein des vacuoles [548].

Les étapes spécifiques de la vacuolisation autophagique sont contrôlées par les gènes *Atg* (autophagy-related genes). Ces gènes ont d'abord été identifiés chez la levure *Saccharomyces cerevisiae* [549 550 551]. Des homologues ont été identifiés chez tous les eucaryotes [551]. Les gènes *Atg* font appel à deux systèmes de conjugaison voisins de l'ubiquitine [552] :

- La voie Atg12 : Cette voie implique Atg12 (ubiquitine-like), Atg7 (ubiquitin-activating enzyme E1-like), Atg10 (ubiquitin-conjugating enzyme E2-like) et Atg5.

- La voie Atg8 : Cette voie implique Atg8 (ubiquitine-like), Atg7 (E1-like), Atg3 (E2-like) et Atg4.

## 2. Beclin 1

Beclin 1 se lie à la PI3K de classe III, qui régule la formation des autophagosomes.

Beclin 1 est l'orthologue humain du gène *Atg6* chez la levure [544 553 554]. L'haploinsuffisance de Beclin 1 conduit à une augmentation de l'incidence de cancers (cancer du poumon, hépatocarcinome, lymphome).

La voie PI3K-AKT-mTOR et la molécule Beclin 1 jouent un rôle majeur dans le processus autophagique. Nous ne rentrerons pas dans le détail de la régulation de l'autophagie. Par ailleurs, d'autres voies de signalisation interviennent dans la modulation de l'autophagie et ne seront pas présentées.

On confond souvent les termes d'autophagie et de mort cellulaire autophagique, alors que l'autophagie peut exercer un rôle cytoprotecteur selon le statut nutritionnel des cellules [532]. Quand la vacuolisation autophagique s'accompagne de mort cellulaire, on parle de mort cellulaire autophagique (mort de type II). Toutefois, il est difficile d'établir un lien de causalité entre le processus autophagique et la survenue de la mort cellulaire. Quand la mort autophagique est médiée *via* l'autophagie, l'inhibition de l'autophagie abolit la mort cellulaire. En revanche, quand la mort cellulaire s'accompagne d'autophagie, l'inhibition de l'autophagie n'a aucune effet sur la viabilité cellulaire, mais modifie la morphologie cellulaire, en inhibant la formation des vacuoles autophagiques [464].

## VII. Relations entre apoptose et autophagie

Des données expérimentales suggèrent des interactions entre apoptose (mort de type I) et autophagie (mort de type II) [555]. Ces deux types de mort peuvent coexister *in vivo* dans certains tissus et au sein d'une même cellule, suggérant que l'apotose et l'autophagie puissent impliquer des mécanismes de régulation communs [556] [83] [557]. Des communications entre voies de signalisation apoptotique et non apoptotique, médiées par une chute du potentiel de membrane mitochondrial et la perméabilisation de la membrane mitochondriale externe, existent. Dans la plupart des cas, la chute du $\Delta\psi_m$ produit des ROS [558], conduisant à la perméabilisation de la membrane lysosomale et libérant des hydrolases lysosomales (cathepsines B et D). Ces cathepsines sont impliquées dans la mort autophagique régulée par la voie de signalisation PI3K/Beclin 1 [559]. Les cathepsines activent Bid, *via* une voie dépendant de tBid/Bax/Bak, entraînent une perméabilisation de la membrane mitochondriale, et une activation de l'apoptose. La perméabilisation de la membrane lysosomale peut donc stimuler la perméabilisation de la membrane mitochondriale, créant ainsi un lien entre les différents types de mort cellulaire [560].

Les relations entre apoptose et autophagie sont complexes. Différentes situations sont possibles :

- En situation de privation en nutriments (glucose, IL-3) ou d'exposition aux radiations, l'autophagie constitue une réponse adaptative au stress, permettant d'éviter la mort cellulaire. De fait, dans cette situation, l'autophagie inhibe l'apoptose.

- L'autophagie peut aussi être une voie alternative à la mort cellulaire par apoptose. Dans cette situation, se produit la mort autophagique ou mort de type II [532 561].

- Enfin, en réponse à certains *stimuli,* l'apoptose ou l'autophagie peuvent être indifféremment induites. A l'inverse, dans certaines circonstances, apoptose et autophagie peuvent être activées indépendamment l'une de l'autre et sont mutuellement exclusives.

**L'apoptose et l'autophagie sont deux types de mort cellulaire, définis par des caractéristiques morphologiques et biochimiques distinctes. L'apoptose est un processus actif, finement régulé, participant à l'homéostasie cellulaire. Le rôle d'une dérégulation de l'apoptose au cours des SMD a été récemment décrit. Les SMD de stade précoce sont associés à un excès relatif de l'apoptose intra-médullaire, alors que les stades plus évolués sont associés à une prolifération clonale intra-médullaire prépondérante sur l'apoptose et à un risque de transformation leucémique. Dans certaines situations de stress, comme la privation en nutriments, un autre processus, appelé autophagie, peut être mis en jeu. L'autophagie est aussi un processus actif, régulé, qui intervient dans l'homéostasie cellulaire. Son rôle en cancérologie est complexe, car l'autophagie peut aussi bien exercer un effet cytoprotecteur qu'un effet cytotoxique, par mort autophagique. Sa contribution dans la physiopathologie des SMD a été peu étudiée.**

De plus, ses interactions avec l'apoptose et les communications entre les deux voies de signalisation apoptotique et autophagique, ne sont pas connues au cours des SMD.

# OBJECTIFS

Mon travail de thèse se base sur des résultats précédemment obtenus dans le laboratoire [1]. Notre laboratoire a montré qu'il existe une activation constitutive de NF-κB dans les SMD de haut risque. L'activité de NF-κB a été évaluée à la fois *in vitro,* dans des lignées cellulaires de SMD de haut risque et *ex vivo,* à partir de cellules hématopoïétiques CD34+ purifiées de patients myélodysplasiques. Deux techniques ont permis d'évaluer le statut d'activation de NF-κB, l'étude de l'activité de liaison à l'ADN de NF-κB en EMSA et l'étude en microscopie confocale, par immunofluorescence de la localisation subcellulaire de la sous-unité p65 de NF-κB.

Une activation constitutive significative de NF-κB a été détectée dans les SMD de haut risque. Cette activation est corrélée positivement au degré d'infiltration médullaire blastique, chez les patients. Or l'évolution des SMD s'associe à un risque de transformation leucémique et la progression en SMD de haut risque est accompagnée d'une réduction progressive de l'apoptose spontanée des cellules souches hématopoïétiques. Nous avons montré que l'état d'activation de NF-κB est corrélé négativement au degré d'apoptose spontanée intra-médullaire. Enfin, la détection combinée de la sous-unité p65 de NF-κB en immunofluorescence et des principales anomalies cytogénétiques associées aux SMD en FISH, montre que l'activation de NF-κB est strictement limitée aux cellules clonales.

**L'ensemble de ces résultats suggère donc que le facteur de transcription NF-κB joue un rôle dans la dérégulation de l'apoptose observée au cours des SMD. L'activation constitutive de NF-κB est spécifiquement localisée aux cellules hématopoïétiques clonales myélodysplasiques.**

L'objectif de mon travail de thèse était donc :

**1) De caractériser les mécanismes moléculaires, conduisant à l'activation de NF-κB dans les SMD de haut risque.**

**2) De tester l'effet chimiosensibilisant de différents inhibiteurs de NF-κB au cours des SMD.**

**3) De comprendre le rôle de NF-κB dans la leucémogénèse, pour prévenir la transformation leucémique au cours des SMD.**

# MATERIEL ET METHODES

# I. Culture cellulaire

## 1) Lignées cellulaires

La lignée cellulaire P39/Tsugane de SMD de haut risque, gracieusement donnée par le Dr. Yoshida Takeda (Japon), a été soumise à une analyse cytogénétique et immunophénotypique. La caryotype de la lignée a été obtenu après 24 heures de culture dans un milieu RPMI 1640 (Roswell Park Memorial Institute) supplémenté en sérum 20 %, à l'aide de la technique standard. L'analyse chromosomique a utilisé la technique des métaphases en bandes R. Le caryotype de la lignée P39, décrit selon les recommandations de l'ISCN, est le suivant : 46, XY, add(6)(q23), add(8)(q24), add(9)(p24), del(9)(p11), add(10)(p14), -16, +mar.

Les lignées MOLM13 et MV4-11 ont été achetées auprès de la DSMZ et les cellules U937 de LAM provenaient de l'ATCC. Les cellules P39, MOLM13 et U937 ont été cultivées dans du milieu RPMI 1640, supplémenté en sérum décomplémenté 10 %, 2 mM L-glutamine, 100 UI/ml pénicilline et 100 g/ml streptomycine [562]. La culture cellulaire était maintenue dans une atmosphère humide, contenant 5 % de $CO_2$. La privation des cellules en acides aminés, a été obtenue, en utilisant un milieu de culture sans sérum, appelé EBSS.

## 2) Cellules primaires de moelle osseuse

La moelle osseuse a été obtenue à partir d'aspirations médullaires de patients porteurs de SMD ou de LAM, qui ont donné leur consentement éclairé. Le diagnostic de SMD ou LAM était basé sur l'analyse de la formule numération sanguine, la cytologie sanguine et médullaire, selon la classification OMS [23] et l'analyse cytogénétique conventionnelle. Ces données ont permis d'établir le score IPPS de chaque patient [28]. Pour le prélèvement médullaire, on a utilisé des seringues contenant du milieu supplémenté en EDTA (Ethylène Diamine Tetraacetic Acid). La fraction des cellules mononucléées est isolée par centrifugation sur gradient de densité, utilisant du Ficoll-Paque PLUS. Les cellules CD34+ sont isolées par sélection magnétique positive, en utilisant le système MiniMacs®, sur colonne d'affinité. Elles sont ensuite cultivées dans du milieu IMDM (Iscove Modified Dulbecco Medium) supplémenté en sérum décomplémenté 10 %.

## II. Réactifs et inducteurs de la mort cellulaire utilisés

$10^5$ des cellules de SMD, de LAM ou de patients ont été resuspendues dans 1 ml de milieu de culture, puis incubées en présence ou absence des différents inducteurs de la mort cellulaire. Le z-VAD-fmk, à la dose de 100 µM, ajouté au milieu 1 heure avant les inducteurs de mort, assurait l'inhibition des caspases. Le peptide inhibiteur de NEMO était utilise à la dose de 15 µM. Le BAY 11-7082 a été utilisé à la dose de 2.5 et 5 µM, pendant 6 heures. Les cellules ont été mises en présence de pyruvate, de glucose, de méthylpyruvate, d'IGF-I et d'insuline, à la dose de 5, 5, 5 mM, 10 ng/ml et 500 ng/ml respectivement. Les agents cytotoxiques suivants étaient utilisés, en association au BAY 11-7082 : 5-Azacytidine (à la dose de 10, 25 et 50 µM), camptothécine (à la dose de 20, 30 et 40 µM), mitoxantrone (à la dose de 1, 2.5 et 5 µg/ml) et daunorubicine (à la dose de 0.25, 0.5 et 0.75 µM).

## III. Analyse de l'apoptose

### 1) Cytométrie de flux

Les cellules apoptotiques sont détectées en cytométrie de flux, utilisant un FACScan. Elles sont marquées, soit avec de l'iodure de propidium (PI) (5 µg/ml), soit avec du DAPI (5 µg/ml) pendant 15 minutes et conjointement à un marquage par le fluorochrome $DIOC_6$ (3) (40 nM), pendant 15 minutes à 37° C, ou avec l'annexine V-FITC, pendant 15 minutes à 4° C [563 564]. Le marquage par le $DIOC_6$ (3) sert à déterminer le potentiel de membrane mitochondrial ($\Delta\psi_m$), alors que le marquage par l'annexine V-FITC sert à déterminer l'exposition à la membrane plasmique externe, des résidus de phosphatidylsérine [565 566 567]. Le pourcentage des cellules vivantes ($\Delta\psi_m^{high}$ PI $^-$), « mourantes » ($\Delta\psi_m^{low}$ PI $^-$) ou mortes ($\Delta\psi_m^{low}$ PI $^+$) a été déterminé à partie de la moyenne de trois expériences, lors du comarquage $DIOC_6$ (3)/PI. Après un comarquage annexine V/PI, le pourcentage des cellules vivantes (Annexine V $^-$ PI $^-$), « mourantes » (Annexine V $^+$ PI $^-$) ou mortes (Annexine V $^+$ PI $^+$) a été déterminé à partie de la moyenne de trois expériences.

### 2) Western-Blot

Les cellules (5 x $10^6$) ont été lavées dans du PBS et lysées dans un tampon contenant Tris 0.05 M pH 7.5, NaCl 5 M, NP40 10 %. 50 µg de protéines ont été chargées sur des gels sodium dodecyl sulfate (SDS)-PAGE 12 %, puis transférées sur une membrane de nitrocellulose. La membrane a été incubée pendant 1 heure dans du PBS-Tween 20 (0,1 %) contenant 5 % de lait écrémé. L'anticorps primaire anti-NF-κB p65 (anticorps polyclonal de lapin) a été ajouté et révélé à l'aide d'un anticorps secondaire approprié couplé à la peroxydase, pour permettre une détection par chimioluminescence (ECL). D'autres anticorps primaires ont été utilisés, Bcl-X$_L$ (anticorps monoclonal murin), c-IAP2 (anticorps polyclonal de lapin), IKK$\alpha$ (anticorps polyclonal de lapin), IKK$\beta$ (anticorps polyclonal de chèvre), NEMO (anticorps polyclonal de lapin). Le contrôle de la charge équivalente des différentes pistes du gel était assuré par la GAPDH (anticorps monoclonal murin). Les expériences ont été répétées au moins trois fois, permettant d'obtenir les mêmes résultats.

### 3) Immunofluorescence

Dans une autre série d'expériences, $10^5$ cellules P39 ont été déposées sur des lames de polylysine-L, pour y adhérer. Les cellules ont été ensuite fixées dans de la paraformaldéhyde 4 % pendant 20 minutes à température ambiante. Elles ont été perméabilisées avec du SDS 0.1 % pendant 10 minutes à température ambiante, lavées dans du PBS, puis marquées avec la caspase 3 activée (anticorps polyclonal de lapin), le cytochrome *c* (anticorps monoclonal murin), l'endonucléase G (anticorps polyclonal de lapin), l'AIF (anticorps polyclonal de lapin), Hsp60 (anticorps monoclonal murin ou polyclonal de lapin). L'anticorps primaire pouvait aussi être p65 (anticorps polyclonal de lapin). Les cellules ont été ensuite révélées avec un anticorps secondaire de l'espèce appropriée, couplé aux fluorochromes rouge ($\lambda$ = 568 nm) ou vert ($\lambda$ = 488 nm). Le contre-marquage de l'ADN des cellules a été effectué avec du Topro3 ou du Hoechst 33342. Sur chaque lame, 200 cellules ont été comptées par deux examinateurs indépendants, en utilisant un microscope confocal LSM 510, au grossissement 63. Le logiciel LSM 5 image browser permettait l'analyse des images. Les valeurs moyennes et les écarts-types indiqués ont été obtenus à partir de trois expériences.

## 4) Microscopie électronique

Les cellules ont été fixées pendant 1 heure à 4° C dans du tampon de Sörensen 1.6 % glutaraldéhyde 0.1 M (pH 7.3), lavées, puis fixées à nouveau dans du tétroxyde d'osmium aqueux 2 %, avant d'être incluses dans de l'Epon. Un microscope électronique à transmission Zeiss EM 902, 90 kV, a permis l'observation des coupes (80 nM), marquées avec de l'uranyl acétate. Les valeurs moyennes et les écarts-types indiqués ont été obtenus à partir de trois expériences.

## IV. Inhibition de NF-κB

### 1) Transfection avec des petits ARN interférents (siRNA)

Les cellules ont été transfectées de façon transitoire en utilisant le système d'électroporation Amaxa®. Les siRNA spécifiques de p65 séquencé (duplex de 5'-rgrCrCrCUrAUrCrCrCUUUrArCrgUrCrATT-3'/5'-UrgrArCrgUrArArArgrgrgrAUrArgrgrgrCTT-3') [568]. Des siRNA spécifiques d'IKKα, IKKβ et de NEMO, ont été utilisés. Pour *Beclin 1*, les séquences d'ARN commençaient à la position 189 (CUCAGGAGAGGAGCCAUUU) et 1206 (GAUUGAAGACACAGGAGGC) d'ATG (siRNA1 et 2, respectivement) ; pour *Atg5* à la position 453 (GCAACUCUGGAUGGGAUUG) ; pour *Atg10* à la position 391 (GGAGUUCAUGAGUGCUAUA) ; et pour *Atg12* à la position 131 (CAGAGGAACCUGCUGGCGA) [533]. AIF a été invalidé en utilisant deux siRNA distincts (siRNA-AIF1: 5'-GAUCCUCCCCGAAUACCUCdTdT-3' siRNA-AIF2: 5'-

CUUGUUCCAGCGAUGGCAUdTdT-3') [569], et l'AIF murin [569]. Le contrôle comportait l'émerine (protéine de l'enveloppe nucléaire) ou des siRNA scramble, qui n'induisent pas de phénotype spécifique. Les cellules ont été traitées 48 heures après la transfection.

## 2) Peptides NEMO

Le peptide contrôle de NEMO (R7-NLM-LZ ProPro), sans effet inhibiteur sur NF-κB, a été synthétisé comme suit : Acétyl.RRRRRRRLKAQADIYKADFQAERHAREKLVEKKEYPQEQLE QPQREFNKL.amide. Le peptide antagoniste de NEMO (R7-NLM-LZ w.t.), ayant un effet inhibiteur sur NF-κB, a été synthétisé comme suit : Acétyl.RRRRRRRLKAQADIYKADFQAERHAREKLVEKKEYLQEQLE QLQREFNKL.amide. Ces peptides ont été synthétisés à l'Unité de Chimie Organique de l'Institut Pasteur, comme précédemment décrit [264]. La pureté du peptide (> 98 %) a été contrôlée par spectrométrie de masse.

## V. Extraction des protéines nucléaires et electrophoretic mobility shift assay (EMSA)

Les extraits nucléaires ont été obtenus à partir de lignées de SMD et LAM. Les cellules ont été mises en culture pendant 24 heures, en présence ou absence du peptide NEMO (15 µM). Les cellules ont été reprises et lavées deux fois dans du PBS froid. Les culots cellulaires ont été ensuite lysés dans un tampon de lyse hypotonique (5 mM Hepes, 1 mM MgCl2, 0.2 mM EDTA, 0.5 M NaCl, 25 % glycérol, pH 7.0) [570]. 10 minutes d'incubation dans la glace, la séparation des fractions nucléaires et cytosoliques a été effectuée par centrifugation (13000 g, 5 minutes à 4° C). Les culots nucléaires ont été remis en suspension dans un tampon

114

d'extraction hypertonique (10 mM Hepes, 1.5 mM MgCl2, 10 mM KCl, pH 7.9) pendant 1 à 2 heures à 4° C sous agitation. Après centrifugation (13000 g, 10 minutes à 4° C), les surnageants contenant les protéines nucléaires ont été récupérés et conservés à - 70° C. L'analyse de la liaison des protéines des extraits nucléaires au facteur de transcription NF-κB, a utilisé une technique non radioactive d'EMSA (Panomics®). Cette technique est basée sur la séparation de NF-κB libre et des complexes NF-κB/protéine. Lors de la migration sur des gels natifs de polyacrylamide, la mobilité électrophorétique de l'ADN libre ou complexé, est différente : les complexes présentent une migration retardée, par rapport au facteur de transcription non lié. La détection est basée sur une technique de chimioluminescence utilisant de la streptavidine-HRP. NF-κB est marqué avec de la biotine (substrat de la streptavidine) et incubé en présence des protéines nucléaires d'intérêt.

# RESULTATS

# Inhibition of NEMO, the regulatory subunit of the IKK complex, induces apoptosis in high-risk myelodysplastic syndrome and acute myeloid leukemia

Gabrielle Carvalho[1,2,3*], Claire Fabre[1,2,3*], Thorsten Braun[1,2,3], Jennifer Grosjean[1,2,3], Lionel Adès[1,2,3,4], Fabrice Agou[5], Ezgi Tasdemir[1,2,3], Simone Boehrer[1,2,3], Alain Israel[6], Michel Véron[5], Pierre Fenaux[4], and Guido Kroemer[1]

[1]INSERM, Unit "Apoptosis, Cancer and Immunity" ; [2]Institut Gustave Roussy ; [3]Faculté Paris Sud-Université Paris XI, 39 rue Camille Desmoulins ; [4]Hematology Unit, Hôpital Avicenne, AP-HP, Université Paris XIII, Bobigny, France ; [5]Unité des Régulations Enzymatiques des Activités Cellulaires, URA 2185, CNRS, Institut Pasteur, 25 Rue du Dr. Roux, 75724 Paris Cedex 15, France ; [6]Unité de Signalisation Moléculaire et Activation Cellulaire (SMAC), URA 2582, CNRS, Institut Pasteur, 25 Rue du Dr. Roux, 75724 Paris Cedex 15, France.

* GC and CF contributed equally to the paper.

Correspondence to :       **Dr. Guido Kroemer**
**CNRS-FRE2939**
**Institut Gustave Roussy, PR1**
**39 rue Camille Desmoulins**
**F-94805 Villejuif**
**France**
**Tel.   33-1-42-11-60-46**
**Fax   33-1-42-11-60-47**
**e-mail: kroemer@igr.fr**

Running title :                    Anti-leukemic effect of IKKγ/NEMO inhibition


Key words :                        apoptosis, NF-κB, mitochondria


Abbreviations :        AIF, apoptosis inducing factor; AML, acute myeloid leukemia; BMMNC, bone marrow mononuclear cells; Casp-3a, activated caspase-3; Cyt $c$, cytochrome $c$; $\Delta\psi_m$, mitochondrial transmembrane potential; DAPI, 4', 6-diaminidino-2-phenylindole; $DiOC_6(3)$, 3,3' dihexyloxacarbocyanine iodide; Endo G, endonuclease G; FACS, fluorescence-activated cell sorter; FISH, fluorescent in situ hybridization; GAPDH, glyceraldehyde-3-phosphate dehydrogenase; Hsp60, heat shock protein 60; IκB, inhibitor of NF-κB; IKK, IκB kinase; MDS, myelodysplastic syndrome; MMP, mitochondrial membrane permeabilization; NEMO, NF-κB essential modulator; NF-κB, nuclear factor κB; PI, propidium iodide; z-VAD.fmk, $N$-benzyloxycarbonyl- Val-Ala-Asp-fluoromethylketone.

Inhibition of NEMO, the regulatory subunit of the IKK complex,
induces apoptosis in high-risk myelodysplastic syndrome and acute
myeloid leukaemia.

*Oncogene. 2007. Apr 5; 26(16) : 2299-307. [Epub 2006 Oct 16].*

G. Carvalho*, **C. Fabre***, T. Braun, J. Grosjean, L. Adès, F. Agou, E. Tasdemir, S. Boehrer, A. Israel, M. Véron, P. Fenaux, and G. Kroemer.

Les syndromes myélodysplasiques (SMD) constituent un groupe hétérogène et fréquent d'hémopathies clonales de la cellule souche hématopoïétique. Leur physiopathologie est complexe et reste à ce jour mal connue. L'hypothèse d'une dérégulation de l'apoptose a été évoquée, afin d'expliquer le maintien et le développement du clone myélodysplasique et son évolution possible en leucémie aiguë myéloïde (LAM), phénomène appelé transformation. Les SMD se caractérisent donc par une hématopoïèse inefficace et un risque de transformation leucémique. Au sein des différents SMD, nous nous sommes intéressés aux formes de haut risque, associées à un pronostic péjoratif, du fait d'une transformation leucémique quasi-constante et d'une survie médiane limitée à quelques mois. Les possibilités thérapeutiques de ces formes sont limitées.

Des travaux antérieurs de notre laboratoire [1] ont montré que le facteur de transcription NF-κB joue un rôle dans la dérégulation apoptotique au cours des SMD. Dans les SMD de faible risque, l'apoptose intra-médullaire est excessive, alors que dans les formes de haut risque, l'apoptose est réduite. Les cellules médullaires CD34+ de SMD de haut risque présentent une activation constitutive de NF-κB. L'inhibition de NF-κB, par une approche pharmacologique ou génétique, induit une apoptose massive des cellules médullaires CD34+ des SMD de haut risque ou de LAM, mais n'a aucun effet sur les CD34+ de moelles normales ou de SMD de faible risque. L'inhibition de NF-κB conduit à une mort indépendante des caspases avec libération de facteurs pro-apoptotiques tels que le cytochrome *c*, l'Endonucléase G ou l'AIF. Ainsi, l'inhibition de NF-κB pourrait constituer une nouvelle cible potentielle dans le traitement des SMD et prévenir l'évolution en LAM.

Dans ce premier travail, nous avons cherché à caractériser le mécanisme d'activation de NF-κB dans les SMD de haut risque. En particulier, nous avons étudié l'effet de peptides antagonistes d'IKKγ/NEMO, sous-unité régulatrice du complexe IKK.

**Les questions posées étaient donc les suivantes :**
**1) Quel est le mécanisme d'activation de NF-κB dans les SMD de haut risque ?**
**2) Quel est l'effet de peptides antagonistes d'IKKγ/NEMO dans les SMD de haut risque?**

La principale voie d'activation de NF-κB implique la phosphorylation d'IκB sur des résidus de sérine 32 et 36 par l'IκB kinase (IKK). Le complexe IKK comprend IKKα, IKKβ et la sous-unité IKKγ/NEMO. Le degré d'oligomérisation de NEMO jouerait un rôle important dans l'activation d'IKK. Dans ce travail, nous avons utilisé un peptide antagoniste d'IKKγ/NEMO, appelé peptide NEMO [442 264]. Sur le plan structural, ce peptide est obtenu par fusion d'une séquence le rendant perméable à la membrane plasmique, et d'une région mimant le sous-domaine leucine-zipper (LZ) du domaine minimal d'oligomérisation de NEMO. Sur le plan fonctionnel, ce peptide inhibe l'oligomérisation de

120

NEMO, en mimant le site de liaison des différentes sous-unités IKKγ, et inhibe donc la voie de signalisation de NF-κB. *In vitro*, sur des lignées cellulaires de SMD de haut risque (P39, MOLM13) et de LAM (MV4-11, THP1), nous montrons que le peptide NEMO exerce un effet pro-apoptotique. L'invalidation génétique par ARN interférence de la sous-unité p65 de NF-κB ou des trois sous-unités du complexe IKK (dont IKKγ/NEMO), induit une mort cellulaire par apoptose de la lignée P39. Le peptide NEMO induit une mort apoptotique indépendante de l'activation des caspases, s'accompagnant d'une chute du potentiel transmembranaire mitochondrial, d'une perméabilisation de la membrane mitochondriale externe avec la libération de protéines pro-apoptotiques, cytochrome *c*, AIF et endonucléase G. Ce peptide régule aussi négativement les gènes-cibles de NF-κB, impliqués dans l'apoptose, tels que c-IAP2 et Bcl-X$_L$. Les effets pro-apoptotiques du peptide NEMO obtenus *in vitro* ont été confirmés par des études *ex vivo* sur des cellules CD34+ de patients atteints de SMD de haut risque et de LAM. En effet, alors que le peptide NEMO induit une mort apoptotique des cellules primaires CD34+ dérivées de patients SMD de haut risque et LAM, un peptide muté, servant de contrôle, n'exerce aucun effet sur la mort cellulaire.

**L'intérêt de ce premier travail est de caractériser les voies de signalisation moléculaire conduisant à l'activation constitutive de NF-κB dans les SMD de haut risque. Il met en évidence un rôle-clef de la sous-unité IKKγ/NEMO dans la survie des cellules de SMD de haut risque et de LAM. Sur le plan thérapeutique, ces résultats pourront conduire au développement de thérapies ciblées inhibant spécifiquement l'oligomérisation d'IKKγ/NEMO dans les SMD de haut risque et les LAM.**

NF-κB inhibition sensitizes to starvation-induced cell death in high-risk myelodysplastic syndrome and acute myeloid leukemia

Claire Fabre[1,2,3], Gabrielle Carvalho[1,2,3,4], Ezgi Tasdemir[1,2,3], Thorsten Braun[1,2,3], Lionel Adès[1,2,3,5], Jennifer Grosjean[1,2,3], Simone Boehrer[1,2,3], Didier Métivier[1,2,3], Sylvie Souquère[6], Gérard Pierron[6], Pierre Fenaux[1,5], and Guido Kroemer[1,2,3]

[1] INSERM, Unit "Apoptosis, Cancer and Immunity", F-94805 Villejuif, France ; [2] Institut Gustave Roussy ; [3] Faculté Paris Sud-Université Paris XI ; [4] INSERM U542, Hôpital Paul Brousse, Université Paris XI, F-94802 Villejuif, France ;[5] Service d'Hématologie Clinique, Hôpital Avicenne, AP-HP, Université Paris XIII, F-93009 Bobigny, France ;[6] CNRS, FRE 2937, Institut André Lwoff, F-94801 Villejuif, France.

Correspondence to :   Dr. Guido Kroemer
                      CNRS-FRE 2939
                      Institut Gustave Roussy, PR1
                      39 rue Camille Desmoulins
                      F-94805 Villejuif
                      France
                      Tel.  33-1-42-11-60-46
                      Fax.  33-1-42-11-60-47
                      e-mail : kroemer@igr.fr

Running title :          NF-κB-dependent sensitization to starvation

Key words :          apoptosis, autophagy, caspases, chemotherapy, mitochondria

Abbreviations :        AIF, apoptosis inducing factor; AML, acute myeloid leukemia; AnnV, annexin V; Atg, autophagy relevant genes; AV, autophagic vacuole; BAY, BAY11-7082; Casp-3a, activated caspase-3; Cyt. $c$, cytochrome $c$; $\Delta\psi_m$, mitochondrial transmembrane potential; DAPI, 4',6-diaminidino-2-phenylindole; $DiOC_6(3)$, 3,3' dihexyloxacarbocyanine iodide; EBSS, Earle's Balanced Salt Solution; Endo G, endonuclease G; FACS, fluorescence-activated cell sorter; FCS, fetal calf serum; GAPDH, glyceraldehyde-3-phosphate dehydrogenase; Hsp60, heat shock protein 60; IGF-I, insulin-like growth factor-I; IκB, inhibitor of NF-κB; IKK, IκB kinase; MAIF, mouse AIF; MDS, myelodysplastic syndrome; NF-κB, nuclear factor κB; PI, propidium iodide; siRNA, small interfering RNA; z-VAD.fmk, $N$-benzyloxycarbonyl-Val-Ala-Asp-fluoromethylketone.

ARTICLE 2

NF-κB inhibition sensitizes to starvation-induced cell death in high-risk myelodysplastic syndrome and acute myeloid leukaemia.

*Oncogene. 2007. Jun 14; 26(28) : 4071-83. [Epub 2007 Jan 8].*
<u>C. Fabre</u>, G. Carvalho, E. Tasdemir, T. Braun, L. Adès, J. Grosjean, S. Boehrer, D. Métivier, S. Souquère, G. Pierron, P. Fenaux, and G. Kroemer.

Dans ce deuxième travail, nous nous sommes intéressés à l'autophagie au cours des SMD. L'autophagie, activée après un stress comme la privation en nutriments, peut être un mécanisme cytoprotecteur, qui permet l'élimination des organelles endommagés et limite les lésions génotoxiques. Elle peut aussi favoriser la croissance tumorale, en permettant une réponse adaptative au stress des cellules tumorales. Dans ce travail, nous avons étudié les interactions entre autophagie, SMD et NF-κB, à ce jour peu connues.

Des travaux antérieurs de notre laboratoire [571] ont montré que le PK11195, ligand du récepteur périphérique des benzodiazépines (PBR) appartenant au pore transmembranaire de transition mitochondriale, peut être utilisé comme agent chimiosensibilisant. Cet agent induit un type particulier de mort, liée à un défaut en nutriments. Ce travail démontre que l'effet chimiosensibilisant du PK11195, n'est pas lié à une modulation de l'autophagie, qui est une réponse adaptative des cellules à la privation en nutriments. De plus, l'effet chimiosensibilisant du PK11195 est indépendant d'un effet sur la voie NF-κB. La combinaison du PK11195 à l'autophagie ou à des inhibiteurs de NF-κB, conduit à un effet synergique puissant de la mort, *via* une voie mitochondriale. Ces résultats ont donc décrit l'effet chimiosensibilisant d'un ligand mitochondrial particulier,

124

lorsqu'il est associé à une privation en nutriments ou à une inhibition de NF-κB. Dans un autre modèle cellulaire, dans des lignées cellulaires myélodysplasiques, la question posée était donc la suivante :

**En situation de privation en nutriments, l'inhibition de NF-κB peut-elle sensibiliser les cellules de SMD à la mort cellulaire ?**

Notamment, en situation de privation en nutriments, nous avons cherché si l'inhibition de NF-κB pouvait sensibiliser les cellules de SMD de haut risque à la mort cellulaire. Nous avons utilisé un inhibiteur biochimique, inhibiteur de la phosphorylation d'IκB, le BAY 11-7082. Nous observons que l'inhibition de NF-κB par le BAY 11-7082 sensibilise les cellules de SMD de haut risque (P39, MOLM13) et de LAM (U937) à la mort cellulaire induite par la privation en nutriments. La mort apoptotique observée se caractérise par une chute précoce du potentiel transmembranaire mitochondrial, la libération de protéines pro-apoptotiques cytochrome *c*, AIF et endonucléase G, et par l'activation de la caspase 3. Cet effet est aussi confirmé *ex vivo* sur des cellules CD34+ de patients atteints de SMD de haut risque ou de LAM. La chimiosensibilisation des cellules de SMD à l'apoptose induite par la privation en nutriments a été vérifiée, après invalidation par des siRNA spécifiques des différentes sous-unités α, β, γ, du complexe IKK. L'addition de sérum, d'insuline ou d'insulin-like growth factor-I (IGF-I) retarde la mort cellulaire induite par l'association du BAY 11-7082 et de la privation en nutriments. De même, l'ajout de glucose ou de pyruvate, protège partiellement de la mort cellulaire. Ces résultats démontrent que la conjonction de facteurs trophiques sériques et de facteurs énergétiques participe à la sensibilisation à la mort cellulaire, observée en combinant l'inhibition de NF-κB et la privation en nutriments. L'autophagie pouvant être une défense adaptative au stress de privation, nous avons recherché des signes morphologiques d'autophagie dans mon système cellulaire. En microscopie électronique, des vacuoles autophagiques, aussi bien précoces à double membrane (autophagosomes) que tardives à simple membrane (autolysosomes) ont été identifiées dans le cytoplasme des cellules avant apoptose. La mort cellulaire obtenue en associant privation en nutriments et inhibition de NF-κB, n'est ni inhibée par un inhibiteur pan-caspase, le z-VAD-fmk, ni par des siRNA invalidant AIF ou les principaux constituants de la voie de signalisation autophagique (ATG6/Beclin 1). Ces résultats démontrent la participation non exclusive de l'autophagie à la mort cellulaire observée. Ainsi, la vacuolisation autophagique ne serait qu'une réponse de stress, suivie d'une mort apoptotique.

**Dans ce travail, nous avons ainsi identifié une fonction nouvelle de NF-κB dans la régulation du métabolisme énergétique dans les cellules de SMD et de LAM. L'inhibition de NF-κB induit une crise énergétique, conduisant à une réponse autophagique de stress, suivie d'une mort par apoptose.**

# DISCUSSION ET PERSPECTIVES

Mon travail de thèse se base sur des résultats précédemment obtenus dans notre laboratoire, qui montrent une activation constitutive de NF-κB dans les SMD de haut risque [1]. Cette activation paraît avoir une origine intrinsèque à la cellule hématopoïétique. En effet, l'analyse conjointe de la localisation subcellulaire de la sous-unité p65 de NF-κB par immunofluorescence, en microscopie confocale et des principales anomalies cytogénétiques associées aux SMD en FISH, montre que NF-κB est exclusivement activé dans les cellules clonales. Par ailleurs, la dérégulation des voies de signalisation apoptotique a été déjà rapportée dans les SMD [86]. Les SMD de faible risque sont associés à un excès relatif de l'apoptose, alors que les SMD de haut risque sont associés à un défaut d'apoptose. Dans ce cas, la prolifération intra-médullaire clonale devient prépondérante sur l'apoptose et le risque de transformation leucémique est important.

Notre laboratoire a confirmé que le facteur de transcription NF-κB est responsable de cette dérégulation de l'apoptose. Ce résultat a conduit à développer des stratégies thérapeutiques d'inhibition de NF-κB, pour contrôler l'apoptose et prévenir la transformation leucémique. L'inhibition de NF-κB exerce un effet pro-apoptotique, *in vitro* et *ex vivo* sur des cellules CD34+ purifiées de patients atteints de SMD de haut risque. L'inhibition de NF-κB pourrait constituer un traitement potentiel des SMD de haut risque, en prévenant l'évolution en LAM.

# I. Rôle d'IKKγ/NEMO dans l'activation constitutive de NF-κB dans les SMD

## 1. Inhibition d'IKKγ/NEMO : Intérêts et limites

Dans un premier travail *(Inhibition of NEMO, the regulatory subunit of the IKK complex, induces apoptosis in high-risk myelodysplastic syndrome and acute myeloid leukaemia. Oncogene. 2007. 26(16) : 2299-307)*, nous avons cherché à caractériser les mécanismes de l'activation constitutive de NF-κB dans les SMD de haut risque. Nos résultats mettent en évidence pour la première fois, le rôle de la sous-unité catalytique IKKγ/NEMO dans l'activation de NF-κB.

Mon étude a utilisé une stratégie d'inhibition spécifique de NEMO, à l'aide de peptides obtenus par synthèse à l'Unité de Chimie Organique de l'Institut Pasteur [442] [264]. Sur le plan structural, ces peptides antagonistes de NEMO (« Peptides NEMO ») présentent l'avantage de pénétrer dans les cellules et miment le domaine minimal d'oligomérisation de NEMO. Sur le plan fonctionnel, ils inhibent l'oligomérisation de NEMO et donc l'activation de la voie NF-κB. Ces peptides présentent donc un intérêt thérapeutique dans le traitement des SMD de haut risque. Nous démontrons qu'ils exercent un effet pro-apoptotique très spécifiquement dans les cellules CD34+ purifiées de patients atteints de SMD de haut risque, alors que le peptide n'a aucun effet sur des moelles normales ou de patients atteints de SMD de faible risque. Par ailleurs ce peptide antagoniste de NEMO n'exerce pas un effet inhibiteur sur la sous-unité IKKγ/NEMO proprement dite, au niveau de son expression protéique. On peut donc supposer, qu'en plus de sa spécificité, ce type d'inhibiteur présente des effets secondaires limités. Notamment, le peptide NEMO n'exerce pas

129

d'inhibition des fonctions d'IKKγ/NEMO indépendantes du complexe IKK [327] [328] [329].

IKKγ/NEMO joue un rôle essentiel dans l'activation d'IκB dans la voie classique de NF-κB, alors que la sous-unité catalytique n'est pas indispensable à l'activation de la voie alternative [294] [301]. La voie classique est mise en jeu de façon prépondérante au cours de l'apoptose, et permet à NF-κB d'activer des cibles transcriptionnelles anti-apoptotiques ou d'inhiber certaines cibles pro-apoptotiques [338] [339] [340]. De plus, la voie alternative est surtout activée dans les lymphocytes B, du fait de son rôle dans l'immunité humorale adaptative et dans le développement des organes lymphoïdes secondaires. Il est donc probable que la voie classique de NF-κB, de par son rôle sur la survie cellulaire et les types cellulaires, où elle est activée, soit la voie préférentiellement activée au cours des SMD. Ces données confortent la contribution d'IKKγ/NEMO à l'activation constitutive de NF-κB, dans les SMD de haut risque. Toutefois, on ne peut pas exclure que l'activation de NF-κB observée dans les SMD de haut risque ait une origine « extrinsèque », différente de la cellule clonale myélodysplasique. En effet, nous avons rappelé le rôle du micro-environnement médullaire dans la physiopathologie des SMD, avec la production de cytokines comme le TNF-α [572] [184] [185]. TNF-α est un ligand des récepteurs de mort, qui peut activer la voie de signalisation extrinsèque de l'apoptose. Or, suivant le type de récepteur auquel le TNF-α se lie, la voie NF-κB n'est pas nécessairement activée [185] [426]. De plus, d'autres voies de signalisation, RAS, MAPK, AKT interviennent dans la physiopathologie complexe des SMD. Enfin, il est probable que différents facteurs « intrinsèques » à la cellule hématopoïétique clonale, et « extrinsèques » liés au micro-environnement (dérégulation de la réponse immunitaire, participation de l'angiogénèse...) participent au maintien et au développement du clone myélodysplasique [117] [178]. Au total, l'activation de NF-κB ne fait pas exclusivement appel à la voie classique, car d'autres voies de signalisation interviennent et des facteurs extrinsèques peuvent activer NF-κB de façon paracrine. Ces données constituent une limite à l'utilisation du peptide antagoniste de NEMO en monothérapie. Malgré sa grande spécificité, le peptide NEMO doit être associé à des traitements conventionnels cytotoxiques, en traitement adjuvant, dans le traitement des SMD de haut risque.

**Cette première partie de mon travail de thèse a donc permis de préciser les mécanismes d'activation de NF-κB dans les SMD de haut risque. Nous avons démontré le rôle critique d'IKKγ/NEMO dans cette activation et nous proposons une stratégie thérapeutique spécifique d'inhibition d'IKKγ/NEMO, à l'aide de peptides antagonistes de NEMO.**

## 2. Activation d'IKKγ/NEMO : Par quels mécanismes ?

### a) Questions posées et objectifs

Ces résultats ouvrent plusieurs perspectives. Afin de poursuivre la caractérisation des mécanismes moléculaires de l'activation de NF-κB, nous souhaitons étudier la contribution de kinases, situées en amont du complexe IKK. Différentes kinases sont décrites, comme NIK et MEKK1 [573] [574] [575], mais TAB et TAK sont celles qui retiennent notre intérêt [576] [577].

Dans un premier temps, *in vitro,* dans des lignées cellulaire myélodysplasiques, (P39, MOLM13), puis dans un second temps, *ex vivo,* sur des cellules purifiées CD34+ de patients myélodysplasiques, nous allons déterminer l'effet de ces kinases sur l'activation de NF-κB.

TAK1 (TGF-β activated MAPK kinase kinase) doit former un complexe de kinases comprenant TAK1 et deux protéines de liaison TAB1, TAB2, pour être activé. TAB1 (TAK1 binding protein 1) est un activateur spécifique de TAK1 [578]. TAB2 (TAK1 binding protein 2) se comporte comme un adaptateur, en formant le complexe (TRAF6-TAB2-TAK1) [579] et active TAK1. TAK1, MAPK kinase kinase, joue un rôle essentiel dans la signalisation de NF-κB induite par les cytokines, TGF-β, IL-1, TNF-α, le LPS, RANK-L et IL-18. Elle active à son tour différentes voies de signalisation, p38/MAPK, JNK et NF-κB [580 581 582 583]. Plus récemment a été décrit TAB3 (TAK1 binding protein 3), qui présente une forte homologie (48 %) de sa séquence d'acides aminés avec TAB2. Cette kinase forme deux types de complexes (TAK1-TAB1-TAB2) et (TAK1-TAB1-TAB3), en réponse aux *stimuli*. TAB2, médie l'interaction avec TRAF2 et TRAF6.

**La question posée est la suivante : Quelle est la contribution des kinases TAB et TAK, situées en amont du complexe IKK, dans l'activation constitutive de NF-κB dans les SMD de haut risque ?**

**b) Stratégie et résultats attendus**

**\* Effet sur la voie de NF-κB**

Nous utiliserons une stratégie d'ARN interférence, invalidant spécifiquement TAB1, 2 ou 3 et TAK1. Après transfection par électroporation des lignées cellulaires ou des cellules CD34+ purifiées de patients, l'effet de cette invalidation, en aval de la voie de NF-κB, sera étudié. Le statut d'activation de NF-κB sera évalué par la localisation sub-cellulaire de la sous-unité p65, par immunofluorescence, au microscope confocal. A partir d'extraits nucléaires de cellules transfectées avec les différents siRNA, la liaison du facteur de transcription NF-κB à l'ADN, sera étudiée en EMSA. L'effet de l'invalidation des kinases TAK1, TAB1, 2 et 3 sur la voie NF-κB sera suivi en Western-Blot, en analysant la phosphorylation d'IκBα.

**\* Effet sur les autres voies de signalisation p38/MAPK, JNK**

De la même façon, l'effet sur d'autres voies de signalisation, p38/MAPK, JNK, sera étudié. L'effet de l'invalidation des kinases TAK1 et TAB sera suivi en Western-Blot, en analysant la phosphorylation des molécules, qui interviennent dans ces voies.

**\* Effet sur l'apoptose**

Nous déterminerons aussi l'effet de l'invalidation des kinases TAK1 et TAB sur l'apoptose. En effet, l'inhibition de NF-κB exerce un effet pro-apoptotique, *via* une apoptose à la fois dépendante des caspases (mise en évidence d'un clivage de la caspase 3) et indépendante des caspases (mise en évidence de la libération de protéines mitochondriales AIF, Endo G et cytochrome *c*). On peut supposer qu'une inhibition en amont du complexe IKK exerce le même type d'effet sur l'apoptose. En cytométrie de flux, la viabilité des cellules obtenues *in vitro* et *ex vivo*, sera évaluée. Si nous identifions un rôle clef d'une des kinases d'amont dans l'activation de NF-κB, l'invalidation de cette kinase devrait induire massivement l'apoptose.

Nous chercherons alors à caractériser les mécanismes mis en jeu lors de cette apoptose, en étudiant les principaux effecteurs de l'apoptose extrinsèque et mitochondriale, en immunofluorescence.

**c) Perspectives**

**Ce premier travail a pour objectif de préciser les mécanismes moléculaires de l'activation de NF-κB et du rôle d'IKKγ/NEMO, au cours des SMD de haut risque. Il permettra une meilleure compréhension des mécanismes conduisant à la transformation leucémique. On pourra envisager dans un deuxième temps, le développement d'inhibiteurs spécifiques des kinases constitutivement activées dans les SMD de haut risque. De plus, la mise en évidence d'une activation des kinases en amont du complexe IKK, pourrait constituer un facteur pronostique péjoratif de progression des SMD.**

**II. Rôle de l'autophagie dans la physiopathologie des SMD**

**1. A la recherche d'un effet chimiosensibilisant dans les SMD**

Dans un deuxième travail *(NF-κB inhibition sensitizes to starvation-induced cell death in high-risk myelodysplastic syndrome and acute myeloid leukaemia. Oncogene. 2007. 26(28) : 4071-83),* nous avons cherché à déterminer si l'inhibition de NF-κB pouvait exercer un rôle chimiosensibilisant dans le traitement des SMD.

En association à différents agents de chimiothérapie, anthracyclines (daunorubicine, mitoxantrone), inhibiteurs de topoisomérase I (camptothécine) ou agents déméthylants (5-Azacytidine), nous n'avons pas observé de synergie avec les inhibiteurs de NF-κB (BAY 11-7082, résultats montrés ; Bortezomib, résultats non montrés). Aucun effet synergique sur l'induction de l'apoptose n'a été observé, malgré les doses croissantes d'agents cytotoxiques testées. Un effet chimiosensibilisant de l'inhibition de NF-κB n'ayant pas été observé, comme cela est habituellement rapporté [434] [302], d'autres associations potentiellement chimiosensibilisantes ont été testées. Nous avons ainsi testé l'association d'une inhibition de NF-κB et de la privation en nutriments. Cette situation particulière de stress active l'autophagie. L'autophagie a été rarement rapportée dans des lignées cellulaires leucémiques et myélodysplasiques [584] [585] [586]. Nous avons choisi d'étudier l'autophagie, mise en jeu par la privation en nutriments, *in vitro* et sur des échantillons médullaires de patients *ex vivo*. La combinaison de la privation en nutriments et de l'inhibition de NF-κB exerce un effet synergique puissant, lorsqu'on suit l'apoptose, par un comarquage Annexine V/PI ou DIOC$_6$ (3)/PI. L'inhibiteur de NF-κB testé, le BAY 11-7082, induit seul environ 30 % d'apoptose après 12 heures de culture. En combinant le BAY et la privation en nutriments, on atteint quasiment 100 % de mort cellulaire, dans la lignée myélodysplasique P39, après 12 heures de culture. Du fait de ce résultat, nous avons alors cherché à caractériser les liens entre l'autophagie, activée par la privation en nutriments, et l'apoptose, mise en jeu par l'inhibition de NF-κB dans les SMD. Par ailleurs, peu de données ont été rapportées sur les interactions entre l'autophagie et NF-κB [571] [587]. Dans ce deuxième travail, nous avons donc cherché à caractériser le lien entre autophagie et apoptose dans les SMD. Selon le contexte cellulaire, ce lien est variable : l'autophagie peut conduire à une mort cellulaire de type II ou autophagique ; être un mécanisme adaptatif à un stress particulier (privation en nutriments) ; ou conduire à une mort de type I apoptotique. L'originalité de mon travail repose sur la mise en évidence de vacuoles autophagiques dans mon système cellulaire *in vitro.* La privation en nutriments est une situation de stress qui peut mimer les altérations du micro-environnement médullaire, rapportées dans la physiopathologie des SMD. En effet, comme nous l'avons rappelé, l'hématopoïèse inefficace est le résultat d'une dérégulation de l'apoptose et d'autres lésions de nature « extrinsèque » à la cellule souche hématopoïétique et liées au micro-environnement médullaire. La privation en nutriments peut être un bon moyen de reproduire les conditions physiologiques, *in vitro.*

Cependant, nos résultats montrent que la vacuolisation autophagique observée n'est qu'une simple réponse au stress de la privation, assurant le maintien de l'homéostasie cellulaire, et survenant avant une mort apoptotique. Nos expériences d'invalidation par les siRNA des gènes *Atg* et *Beclin* montrent l'absence d'effet protecteur de l'inhibition de l'autophagie vis-à-vis de la mort par apoptose. La transfection avec des siRNA d'*Atg5, 10, 12,* et *Beclin,* principaux constituants de la signalisation autophagique, est incapable de réverser l'effet cytotoxique dû à la combinaison de la privation en nutriments et de l'inhibition de NF-κB. La simple transfection par les siRNA d'*Atg5, 10, 12,* et *Beclin,* de cellules incubées dans un milieu complet, riche en sérum et nutriments, induit environ 60 à 80 % de mort cellulaire. L'absence d'effet protecteur des siRNA peut être dû au pourcentage important de mortalité de la transfection, avant même que les cellules ne soient mises en culture dans un milieu privé de nutriments et en présence d'un inhibiteur de NF-κB. Mais l'absence d'effet protecteur des siRNA invalidant les principaux gènes de la voie autophagique, peut aussi réellement refléter la physiopathologie des SMD. Les SMD de haut risque présentent une activation constitutive de NF-κB, en rapport avec une anomalie de la voie apoptotique, « intrinsèque » à la cellule souche hématopoïétique. Nos résultats suggèrent que l'apoptose est le facteur causal de mort prépondérant dans les cellules hématopoïétiques myélodysplasiques. L'autophagie, mise en jeu suite à un stress du micro-environnement médullaire, « extrinsèque » à la cellule hématopoïétique, ne serait qu'un phénomène d'accompagnement de la mort apoptotique et pas un facteur causal.

**Les conséquences d'une activité NF-κB aberrante sur l'hématopoïèse normale, ont déjà été explorées, sur des cellules CD34+ de sang de cordon** [359] [588] [589] [590]. **Il a été établi que la seule activation de NF-κB est insuffisante pour perturber l'hématopoïèse normale. Ces résultats soulignent l'importance d'une réponse de stress, en plus de l'activation de NF-κB, pour modifier la prolifération, la différenciation et l'auto-renouvellement des cellules hématopoïétiques. Etudier l'autophagie, réponse adaptative à certains stress, en association à l'inhibition de NF-κB, présente donc un intérêt dans la compréhension de l'hématopoïèse inefficace des SMD.**

### 2. Etude de l'autophagie dans les SMD : Intérêts et limites

L'autophagie a souvent été étudiée dans le cadre des tumeurs solides. Dans les stades précoces, l'inhibition de l'autophagie favorise la croissance tumorale, car elle inhibe la dégradation protéique. De plus, l'autophagie augmente le taux de mutations liées à la production de radicaux libres, car elle permet l'accumulation des organelles endommagés. A un stade plus évolué du cancer, l'autophagie peut être un mécanisme de défense cytoprotecteur, en permettant la survie des cellules en situation de stress (privation en nutriments, hypoxie…) [526] [591].

**a) Questions posées et objectifs**

**Les questions posées sont les suivantes :**

**\* Sensibilité des cellules myélodysplasiques à l'induction de l'autophagie ?**

La physiopathologie des SMD est associée à une dérégulation de l'apoptose. Le micro-environnement médullaire est aussi impliqué, par une néoangiogénèse accrue, suggérant que certaines cellules hématopoïétiques myélodysplasiques sont exposées à des stress de nature autophagique, hypoxie relative ou privation en nutriments. Tout comme le taux d'apoptose varie avec le stade des SMD, on peut supposer que l'activité autophagique varie au cours de l'évolution des SMD. Il pourrait donc être intéressant d'évaluer la sensibilité des cellules myélodysplasiques, en fonction du stade de la maladie, à l'induction de l'autophagie.

**\* Effet sur l'autophagie de différents agents thérapeutiques des SMD ?**

Certains agents cytotoxiques sont connus pour induire de l'autophagie dans des lignées cellulaires tumorales. Il a été récemment montré que l'arsenic, utilisé dans le traitement de certaines leucémies, induit de l'autophagie dans des lignées de LAM et de SMD [585]. D'autres agents comme les inhibiteurs d'histone déacétylases, utilisés dans le traitement des SMD, induisent de l'autophagie dans des modèles cellulaires non hématopoïétiques (cellules HeLa). Il pourrait être intéressant de déterminer, si les agents utilisés dans le traitement des SMD en clinique, induisent de l'autophagie.

**\* Effet de la manipulation de l'autophagie sur la réponse au traitement ?**

Il a été montré qu'en cas d'inhibition de l'apoptose, sous l'effet d'un traitement cytotoxique ou des radiations, la fraction de cellules tumorales subissant une mort non apoptotique, augmente [592]. La stratégie thérapeutique, visant à augmenter l'autophagie, pourrait donc servir de traitement adjuvant à la chimiothérapie conventionnelle.

### b) Stratégie et résultats attendus

La détection de l'autophagie, qui comprend sa quantification et la détermination de sa localisation subcellulaire, nécessite préalablement une transfection des cellules hématopoïétiques avec du GFP-LC3. Outre la difficulté de transfection de ce type de lignée cellulaire, ce plasmide se révèle très toxique sur les cellules. Enfin, du fait de la petite taille des cellules hématopoïétiques, la détection de structures GFP-LC3 marquées, visibles sous la forme de points ou « dots » au sein des cellules, s'est avérée techniquement très difficile.

### c) Perspectives

Dans nos lignées cellulaires *in vitro* et sur les prélèvements médullaires *ex vivo,* la détection de l'autophagie pourrait faire appel à l'analyse ultrastructurale en microscopie électronique. Par contre, les difficultés techniques liées à la transfection avec le plasmide GFP-LC3, notamment en termes de toxicité, ont limité le développement de ce travail.

## III. Etude de l'effet des agents épigénétiques sur la voie NF-κB au cours des SMD

### 1. Agents épigénétiques : Mode d'action reconnu

Les agents épigénétiques, inhibiteurs de DNA méthyltransférases (DNMTI) et inhibiteurs d'histone déacétylases (HDACI) ont une indication reconnue dans le traitement des SMD. Des phénomènes épigénétiques, méthylation de l'ADN par les enzymes DNMT au niveau des ilôts CpG [593] ou modifications des histones (acétylation par les enzymes HDAC ou méthylation) [594] [595] participent à la physiopathologie des SMD. Ces agents induisent des modifications du degré de compaction de la chromatine, qui intervient dans la régulation de l'expression génique [596]. On admet habituellement que le mode d'action des agents épigénétiques s'exerce sur des cibles transcriptionnelles. Parmi les DNMTI, la 5-Azacytidine (AZA) et la 5 Aza-2'-Deoxycytidine (DAC), sont déjà utilisés en clinique dans le traitement des SMD, sur la base d'un action hypométhylante parfaitement caractérisée [597] [598].

Les HDACI, qui retirent des groupements acétyl des histones, constituent aussi une cible thérapeutique majeure. Les HDACI exercent principalement trois effets anti-tumoraux : un effet sur le cycle cellulaire (arrêt en phase G1), un effet différenciant [599] et un effet pro-apoptotique [600] [601]. Cet effet pro-apoptotique [602], médié à la fois par la voie des récepteurs de mort et par la voie mitochondriale, pourrait faire appel à NF-κB [603], c-JNK [602] et Bcl-2 [604]. Leur effet est très dépendant du type cellulaire et des facteurs environnementaux.

La coopération entre les DNMTI et les HDACI dans la répression génique est parfaitement caractérisée[605] [606] [607]. L'hyperacétylation des histones et la déméthylation de l'ADN participent à la leucémogénèse. En revanche, il n'est pas établi que la cible première de ces agents soit exclusivement transcriptionnelle. Ainsi, l'activité de ces agents pourrait impliquer d'autres phénomènes que le remodelage de la chromatine et notamment des voies de signalisation, restant à définir [607].

## 2. Agents épigénétiques : Mode d'action méconnu

### a) Questions posées et objectifs

Les données sur l'action des agents épigénétiques sur la voie de NF-κB sont contradictoires et se rapportent à des cibles transcriptionnelles. L'apicidine, HDACI, induit une activité transcriptionnelle accrue de NF-κB et de ses gènes cibles IL-8, c-IAP1 dans des cellules HeLa [608]. Dans d'autres lignées cellulaires tumorales, la résistance à l'action du SAHA (Suberoylanilide Hydroxamic Acid) est aussi en rapport avec une régulation positive de l'activité transcriptionnelle de NF-κB [609]. Dans d'autres lignées cellulaires de nature myéloïde, le SAHA exerce une action inhibitrice [610] sur l'activation de NF-κB, sans effet direct sur la liaison de NF-κB à l'ADN. Cet agent épigénétique inhibe de façon séquentielle l'activation du complexe IKK, la phosphorylation et l'ubiquitination d'IκBα, puis sa dégradation et la translocation nucléaire de p65. Dans une lignée de cancer de la prostate, certains agents épigénétiques réduisent le taux de protéines pro-apoptotiques IKKα, IKKβ et IKKγ, suggérant que ces agents aient une action directe sur la voie de NF-κB.

141

Sur le plan thérapeutique, l'association d'agents épigénétiques (SAHA, butyrate de sodium) et d'inhibiteurs de NF-κB (Bortezomib, inhibiteur du protéasome), entraîne une activation des caspases et l'apoptose de cellules leucémiques de LMC (Leucémie Myéloïde Chronique) [611] [612]. Le Bortezomib chimiosensibilise des cellules primaires de myélome résistantes, à l'apoptose induite par des HDACI [613].

**La question posée est la suivante : Les agents épigénétiques peuvent-ils exercer une action directe sur la voie de signalisation de NF-κB, avant même d'agir sur leurs cibles transcriptionnelles ?**

**b) Stratégie et résultats attendus**

**\* Effet direct des agents épigénétiques sur la voie de NF-κB ?**

Sur la lignée cellulaire P39 exprimant de façon constitutive NF-κB, on étudiera l'effet des agents épigénétiques sur le statut d'activation de NF-κB. On évaluera la localisation subcellulaire de la sous-unité p65, par immunofluorescence, en microscopie confocale. En Western-Blot, sur des extraits protéiques totaux traités par agents épigénétiques, on étudiera l'activation d'IκB par phosphorylation. En EMSA, à partir d'extraits nucléaires traités, on déterminera l'activité de liaison de NF-κB à l'ADN. Une expérience de supershift de NF-κB, après ajout d'un anticorps spécifique de p65 aux extraits nucléaires, permettra de caractériser la sous-unité de NF-κB liée à l'ADN.

Nos premiers résultats indiquent que sous l'effet des agents épigénétiques, on observe une inhibition précoce de l'activation constitutive de NF-κB. Cet effet se manifeste par une inhibition de la localisation de p65 au noyau et par une accumulation progressive d'IκB après deux heures de traitement, par inhibition de sa dégradation. En EMSA, on observe une diminution de l'activité de liaison de NF-κB à l'ADN, alors que les agents épigénétiques n'ont aucun effet sur une lignée cellulaire contrôle KG1, dépourvue d'activation constitutive de NF-κB.

Sur les extraits protéiques traités, on étudiera en Western-Blot, le statut de phosphorylation de kinases situées en amont de NF-κB, et potentiellement responsables de son activation dans les SMD (IKKαβ, ATM, AKT…). La lignée cellulaire P39 sera transfectée par électroporation avec des plasmides permettant l'expression constitutive d'IKKβ ou l'expression d'IKKγ muté, présent à la membrane cellulaire. L'effet des modifications de l'expression d'IKKβ et d'IKKγ, sera étudié sur la localisation subcellulaire de p65 et la phosphorylation d'IκBα.

Nos résultats indiquent qu'après transfection, on réverse l'effet inhibiteur des agents épigénétiques, exercé sur la voie NF-κB. L'activation de NF-κB a été évaluée et quantifiée par la localisation nucléaire de p65 dans des échantillons cellulaires transfectés par les deux types de plasmides et traités par agents épigénétiques. Si l'activation de NF-κB est restaurée par ces plasmides, ces résultats confortent que l'action des agents épigénétiques s'exerce sur la voie NF-κB, au niveau du complexe IKK, et plus particulièrement au niveau de la sous-unité IKKβ ou γ.

**\* Corrélations entre l'action des agents épigénétiques et le type de SMD ?**

Les résultats obtenus *in vitro,* seront ensuite testés sur des échantillons médullaires de patients *ex vivo,* recevant un traitement par agent épigénétique (agents déméthylants). En utilisant les techniques précédemment décrites, on cherchera si une corrélation peut être établie entre le sous-type de SMD et l'action des agents sur la voie NF-κB. Par ailleurs, le statut d'activation de NF-κB sera confronté aux données cliniques de réponse au traitement. Si l'action inhibitrice des agents épigénétiques sur NF-κB est confirmée, la réponse au traitement devrait s'accompagner d'une inhibition de la localisation nucléaire de p65 et d'une inhibition de l'activation d'IKK.

**\* Rationnel d'associations d'inhibiteurs de NF-κB et d'agents épigénétiques ?**

En cytométrie de flux, après des comarquages par $DIOC_6$ (3)/PI ou par Annexine V/PI, on quantifie l'apoptose dans des cellules P39 ou des cellules CD34+ purifiées de patients, qui ont été traitées par des combinaisons d'inhibiteurs de NF-κB et d'agents épigénétiques [564] [566] [563] [565]. Si les agents épigénétiques exercent une action inhibitrice directe sur la voie de signalisation de NF-κB, la combinaison de ces agents à des inhibiteurs de NF-κB, ne devrait exercer aucun effet synergique sur la mort cellulaire. Ce résultat conforterait qu'agents épigénétiques et inhibiteurs de NF-κB empruntent la même voie de signalisation.

### c) Perspectives

**Ce projet postule que les agents épigénétiques pourraient agir en amont de leurs cibles transcriptionnelles, par une action sur la voie de NF-κB. Ce travail a donc pour but de caractériser des cibles moléculaires nouvelles des agents épigénétiques, telles que NF-κB. Nos premiers résultats indiquent un mécanisme d'action moléculaire original, direct et rapide, intervenant dans la cellule.**

Les SMD sont une hémopathie clonale de la cellule souche hématopoïétique, caractérisés par une hématopoïèse inefficace et un risque de transformation leucémique. Leur physiopathologie complexe fait appel à une dérégulation de l'apoptose, en excès relatif dans les stades précoces et contre-balancée par une prolifération intra-médullaire prépondérante, dans les stades évolués. Le facteur de transcription NF-κB est constitutivement activé dans les SMD de haut risque et joue un rôle majeur dans cette dérégulation de l'apoptose. L'activation de NF-κB est spécifiquement localisée au sein des cellules clonales myélodysplasiques.

Mon travail de thèse a permis de :

- Mettre en évidence le rôle clef d'IKKγ/NEMO dans l'activation constitutive de NF-κB au cours des SMD. Ce résultat pourrait conduire au développement d'inhibiteurs très spécifiques d'IKKγ/NEMO, dans le traitement des SMD, prévenant la transformation leucémique.

- Caractériser le rôle de NF-κB dans le métabolisme énergétique au cours des SMD. Ce résultat pourrait conduire à l'étude des interactions entre NF-κB, apoptose et autophagie, en situation de stress autophagique.

Mon travail de thèse offre différentes perspectives :

- Caractériser les mécanismes d'activation d'IKKγ/NEMO au cours des SMD, par l'étude des complexes de kinases, en amont du complexe IKK.
- Préciser le rôle de l'autophagie dans la physiopathologie des SMD et ses interactions avec la dérégulation de l'apoptose.
- Etudier le mode d'action d'autres agents thérapeutiques, agents épigénétiques, et leur effet sur la voie de NF-κB.

# TABLES

| | SANG | MOELLE |
|---|---|---|
| AR | Blastes < 1 % | Blastes < 5 % |
| ASIA | Blastes < 1 % | Blastes < 5 %<br>Sidéroblastes en couronne > 15 % |
| AREB | Blastes < 5 % | 5 % < Blastes < 20 % |
| AREB-t | Blastes > 5 % | 20 % < Blastes < 30 %<br>Corps d'Auer |
| LMMC | Blastes < 5 %<br>Monocytose sanguine > 1 G/L | Blastes < 20 %<br>Précurseurs monocytaires dystrophiques |

**TABLE N°1. Classification FAB des SMD (1982)**
d'après *Bennett. Br J Haematol. 1982. (51) : 189-99.*

| | SANG | MOELLE |
|---|---|---|
| **AR** | Anémie | Blastes < 5 %<br>Dysplasie érythroïde isolée |
| **ARS** | Anémie | Blastes < 5 %<br>Dysplasie érythroïde isolée<br>Sidéroblastes en couronne > 15 % |
| **CRDM** | Cytopénies | Blastes < 5 %<br>Dysplasie de 2 ou 3 lignées |
| **CRDM-RS** | Cytopénies | Blastes < 5 %<br>Dysplasie de 2 ou 3 lignées<br>Sidéroblastes en couronne > 15 % |
| **AREB (-1 ou -2)** | Cytopénies<br>Blastes < 5 %<br>Monocytose sanguine < 1 G/L | **AREB-1**<br>5 % < Blastes < 10 %<br>**AREB-2**<br>10 % < Blastes < 20 % |
| **Syndrome 5q-** | Anémie<br>Plaquettes normales ou élevées | Dysmégacaryopoïèse<br>Délétion isolée du 5q<br>Blastes < 5 % |
| **SMD inclassable** | Cytopénies | Blastes < 20 % |

**TABLE N°2. Classification OMS des SMD (1997)**

d'après *Harris. Ann Oncol. 1999. (10) : 1419-32.*

| Score IPSS | Niveau de risque | Médiane de survie (en années) | Acutisation en LAM (en %) |
|---|---|---|---|
| 0 | Faible | 5.7 | 19 |
| 0.5-1 | Intermédiaire 1 (Int-1) | 3.5 | 30 |
| 1.5-2 | Intermédiaire 2 (Int-2) | 1.2 | 33 |
| > 2 | Elevé | 0.4 | 45 |

TABLE N°3. Catégories de risque définies par le score pronostique international des SMD (IPSS)

d'après *Greenberg. Blood. 1997. (89) : 2079-88.*

150

| | Anomalies cytogénétiques |
|---|---|
| Bon pronostic | Caryotype normal<br>- Y<br>5q-<br>20q- |
| Pronostic intermédiaire | Trisomie 8<br>Autres anomalies |
| Mauvais pronostic | Caryotype complexe ($\geq$ 3 anomalies)<br>Monosomie 7; 7p- |

- 5q-; 7p-; 20q-  Délétion partielle des chromosomes 5, 7, 20
- - Y  Perte du chromosome Y

**TABLE N°4. Groupes pronostiques cytogénétiques dans les SMD**

d'après Sole. *Haematologica. 2005. (90) : 1168-78.*

| | Score |
|---|---|
| **Blastes médullaires (%)** | |
| < 5 | 0 |
| 5 à 10 | 0.5 |
| 11 à 20 | 1.5 |
| 21 à 30 | 2 |
| **Caryotype** | |
| Favorable | 0 |
| Intermédiaire | 0.5 |
| Défavorable | 1 |
| **Nombre de cytopénies** | |
| 0 ou 1 | 0 |
| 2 ou 3 | 0.5 |

• Cytopénies :
- Hémoglobine < 10 g/dL
- Polynucléaires neutrophiles < 1.8 G/L
- Plaquettes < 100 G/L

**TABLE N°5. Calcul du score pronostique international des SMD (IPSS)**
d'après *Greenberg. Blood. 1997. (89) : 2079-88.*

| Gène | Altération | Fonction |
|---|---|---|
| ASXL1 | Mutation (10 %) | Code pour une protéine liant la chromatine (qui active le récepteur de l'acide rétinoïque) |
| ATRX | Mutation (< 10 %) | Code pour une protéine liant la chromatine (rôle dans l'erythropoïèse) |
| BCL2 | Surexpression | Fonction anti-apoptotique |
| CBL | Mutation (< 1 %) | Code pour une protéine ubiquitine-ligase (onco-gène) |
| CD25c et PR24 | Hyperexpression | Contrôle du cycle cellulaire |
| CDKN2A | Mutation – Délétion (rare) | Contrôle du cycle cellulaire |
| CDKN2B | Méthylation du promoteur (30-50 %) | Contrôle du cycle cellulaire |
| CEBPA | Mutation (rare) | Code pour un facteur de transcription liant certains promoteurs |
| CSF1R/FMS | Mutation (10-20 %) | Code pour le M-CSF-R (différenciation macrophagique) |
| ETV1 | Expression ectopique (30-40 %) | Code pour une protéine impliquée dans la tumorigénicité |
| FLT3 | Duplication interne en tandem (5-10 %) | Code pour un récepteur tyrosine kinase de classe III (oncogénique) |
| G-CSFRG | Mutation ponctuelle | Code pour le G-CSF récepteur (différenciation hématopoïétique) |
| IRF1 | Saut d'exon (20-30 %) | Code pour IRF1 (gène suppresseur de tumeur) |
| KIT | Mutation (rare) | Code pour le SCF-R (différenciation hématopoïétique) |
| MDM2 | Surexpression (70 %) | Code pour une protéine ubiquitine-ligase (régulateur négatif de p53) |
| MDR1 | Expression (60 % des SMD) | Code pour une pompe transmembranaire d'efflux des drogues |
| MLL | Amplification (5 %) | Code pour une protéine modifiant les histones |
| MPL | Expression variable selon type de SMD | Code pour le récepteur de la thrombopoïétine |
| NF1 | Délétion – Mutation (rare) | Code pour la neurofibromine (protéine suppressuer de tumeur) |
| NMP1 | Translocation – Mutation (rare) | Code pour une protéine de la matrice nucléaire |
| NRAS | Mutation ponctuelle (10-15 %) | Code pour RAS (voie de transduction des cytokines) |
| PTPN11 | Mutation faux sens | Code pour une tyrosine phosphatase (régule RAS) |
| RB1 | Mutation – Délétion – Méthylation du promoteur (rare) | Code pour RB (gène suppresseur de tumeur) |
| RUNX1 | Mutation (5 %) | Code pour un facteur de transcription (différenciation hématopoïétique) |
| SPARC | Délétion | Code pour une protéine de la matrice extra-cellulaire |
| Télomérase | Activité accrue | Code pour un complexe enzymatique (maintien des télomères) |
| TET2 | Mutation (20-25 %) | Code pour une protéine oxygénase |
| TP53 | Mutation (5-25 %) | Contrôle du cycle cellulaire |
| WT1 | Mutation (rare) | Code pour WT1 (gène suppresseur de tumeur) |

TABLE N°6. Anomalies moléculaires au cours des SMD

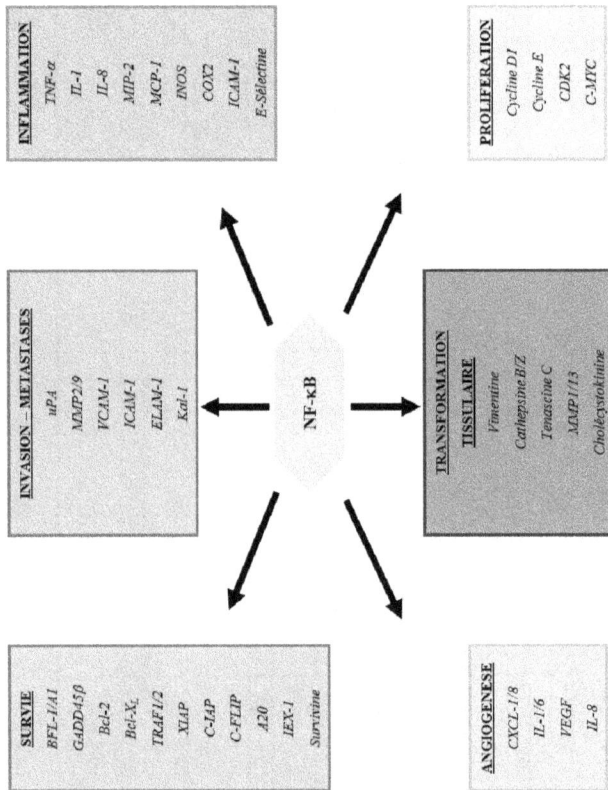

**INFLAMMATION**
TNF-α
IL-1
IL-8
MIP-2
MCP-1
iNOS
COX2
ICAM-1
E-Sélectine

**PROLIFERATION**
Cycline D1
Cycline E
CDK2
C-MYC

**INVASION – METASTASES**
uPA
MMP2/9
VCAM-1
ICAM-1
ELAM-1
Kai-1

**NF-κB**

**TRANSFORMATION TISSULAIRE**
Vimentine
Cathepsine B/Z
Tenascine C
MMP1/13
Cholécystokinine

**SURVIE**
BFL-1/A1
GADD45β
Bcl-2
Bcl-Xₗ
TRAF1/2
XIAP
C-IAP
C-FLIP
A20
IEX-1
Survivine

**ANGIOGENESE**
CXCL-1/8
IL-1/6
VEGF
IL-8

**TABLE N°7. Gènes-cibles de NF-κB impliqués dans l'oncogénèse**
d'après Basseres. Oncogene. 2006. (51) : 6817-30.

| PROTEINES ANTI-APOPTOTIQUES | | | |
|---|---|---|---|
| **Famille Bcl-2** | **IAP** | **Molécules adaptatrices** | **Autres** |
| Bcl-2<br>Bcl-X$_L$<br>Bfl-1/A1<br>NR13 | c-IAP1<br>c-IAP2<br>XIAP<br>Survivine | TRAF-1<br>TRAF-2 | α-Fœto-protéine<br>c-FLIP<br>GADD45β<br>MnSOD<br>IEX-1<br>DcR1 (decoy receptor 1)<br>A20<br>Spi2A |

| PROTEINES PRO-APOPTOTIQUES | | | |
|---|---|---|---|
| **Famille Bcl-2** | **Ligands** | **Récepteurs de mort** | **Facteurs de transcription** |
| Bcl-X$_S$<br>Bax | FasL(CD95L)<br>TRAIL<br>TNF-α | Fas (CD95)<br>DR4 (TRAIL-R1)<br>DR5 (TRAIL-R2)<br>DR6 | p53<br>c-Myc<br>CYLD |

<u>TABLE N°8.</u> Principaux gènes-cibles de NF-κB impliqués dans l'apoptose

d'après *Ségal-Bendirdjian. Bull Cancer. 2006. (1) : 23-35.*

155

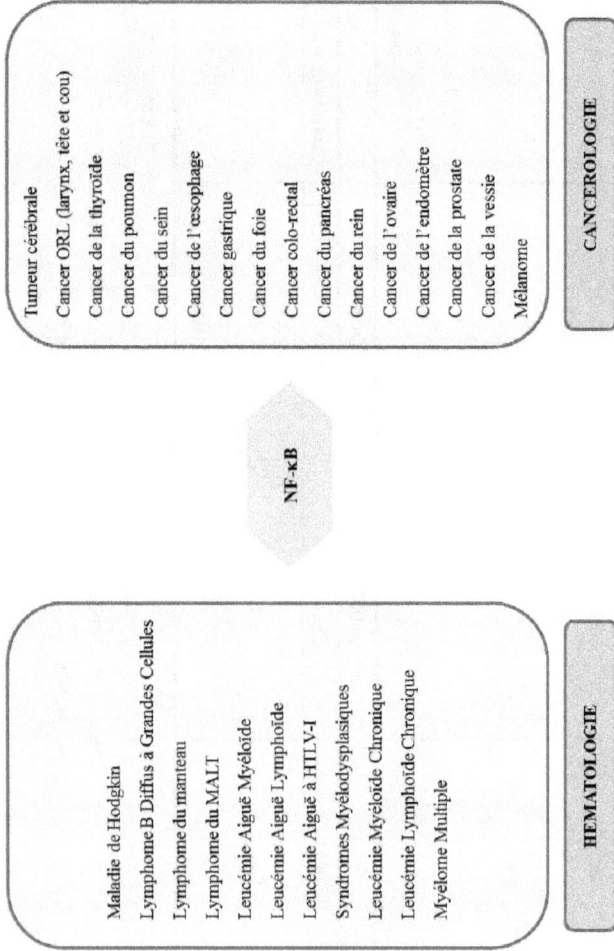

**HEMATOLOGIE**

Maladie de Hodgkin
Lymphome B Diffus à Grandes Cellules
Lymphome du manteau
Lymphome du MALT
Leucémie Aiguë Myéloïde
Leucémie Aiguë Lymphoïde
Leucémie Aiguë à HTLV-I
Syndromes Myélodysplasiques
Leucémie Myéloïde Chronique
Leucémie Lymphoïde Chronique
Myélome Multiple

**NF-κB**

**CANCEROLOGIE**

Tumeur cérébrale
Cancer ORL (larynx, tête et cou)
Cancer de la thyroïde
Cancer du poumon
Cancer du sein
Cancer de l'œsophage
Cancer gastrique
Cancer du foie
Cancer colo-rectal
Cancer du pancréas
Cancer du rein
Cancer de l'ovaire
Cancer de l'endomètre
Cancer de la prostate
Cancer de la vessie
Mélanome

**TABLE N°9. Activation constitutive de NF-κB dans les cancers**

d'après Basseres. Oncogene. 2006. (51) : 6817-30.

| | APOPTOSE<br>Mort de type I | AUTOPHAGIE<br>Mort de type II |
|---|---|---|
| **Membrane Plasmique** | Bourgeonnement « Blebbing »<br>Respect de l'intégrité membranaire | Bourgeonnement « Blebbing » |
| **Noyau** | Condensation de la chromatine<br>Echelles d'ADN<br>Fragmentation du noyau<br>Pycnose | Condensation de la chromatine (partielle)<br>Pas d'échelles d'ADN<br>Pas de fragmentation du noyau |
| **Cytoplasme** | Condensation cytoplasmique<br>Dépolymérisation du cytosquelette<br>Fragmentation en corps apoptotiques | Vacuoles autophagiques<br>Dégradation de l'appareil de Golgi, des ribosomes et du réticulum endoplasmique |

**TABLE N°10. Caractéristiques morphologiques de la mort apoptotique et autophagique**

d'après *Okada. Nat Rev Cancer. 2004. (4) : 592-603.*

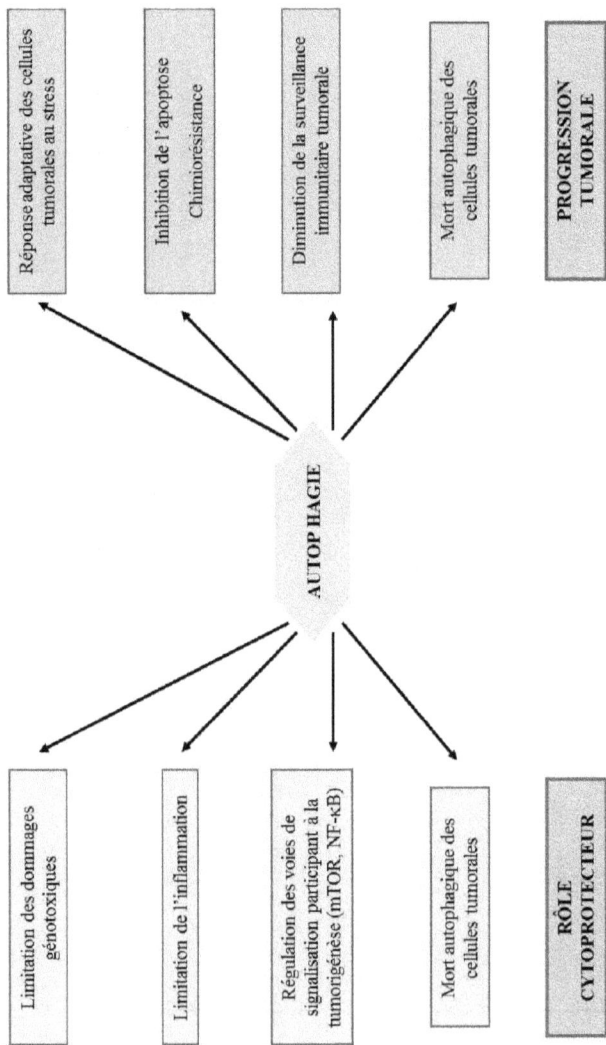

**TABLEAU N°11. Rôle de l'autophagie dans la tumorigénèse**
d'après Xiao. Cytokine Growth Factor Rev. 2007. (18) : 233-243.

# FIGURES

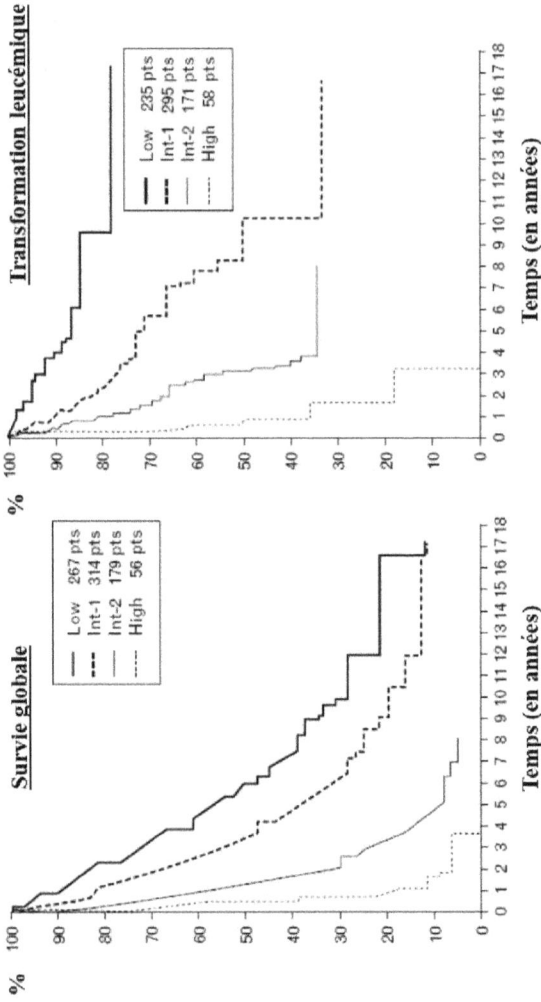

FIGURE N°1. Courbes de Kaplan-Meier pour la survie et la transformation leucémique en fonction du score IPSS des SMD

d'après *Greenberg. Blood. 1997. (89) : 2079-88.*

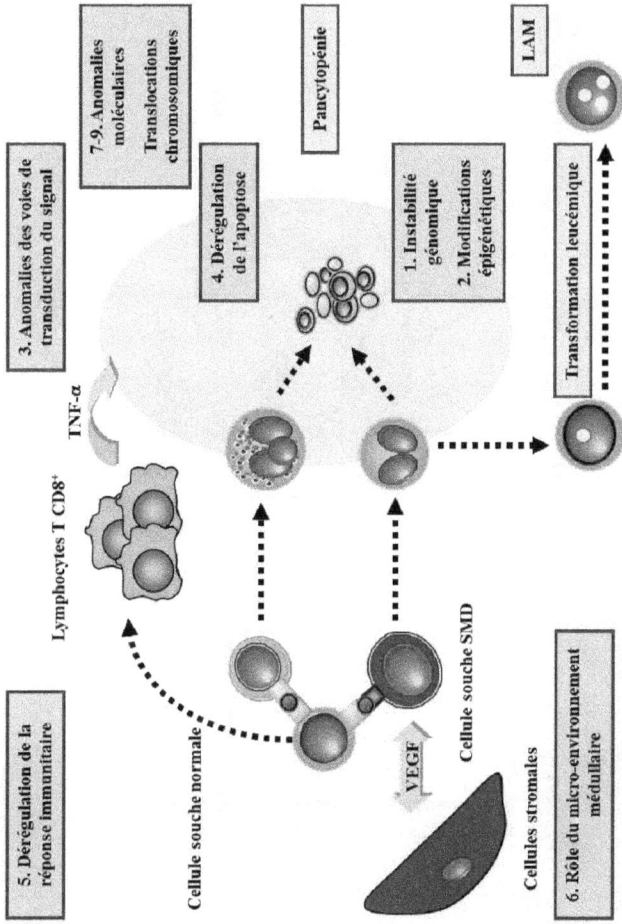

**FIGURE N°2. Hypothèses physiopathologiques dans les SMD**

d'après *Raza. Int J Hematol. 1996. (4) : 265-78.*

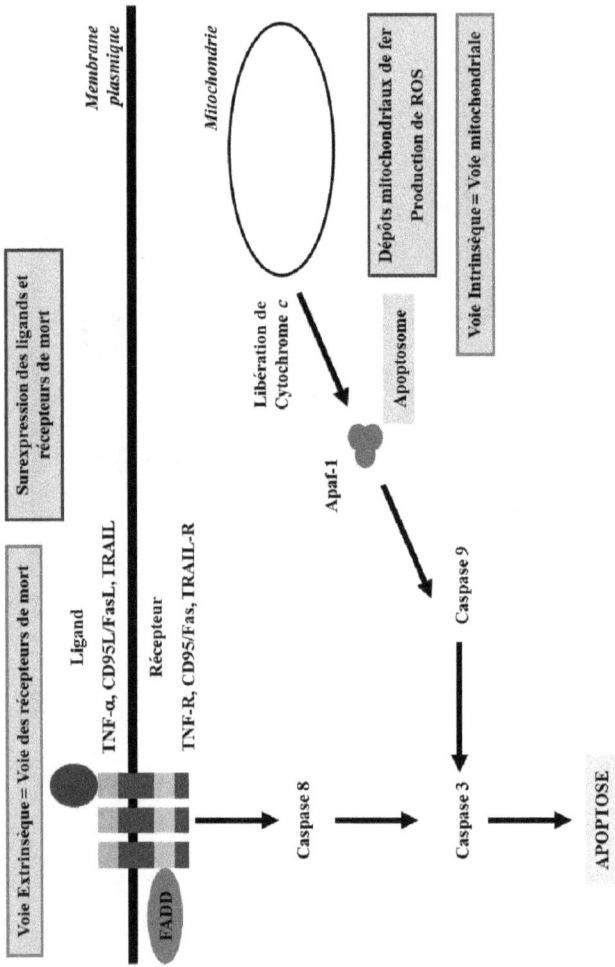

**Voie Extrinsèque = Voie des récepteurs de mort**

**Surexpression des ligands et récepteurs de mort**

*Membrane plasmique*

*Mitochondrie*

**Ligand**
TNF-α, CD95L/FasL, TRAIL

**Récepteur**
TNF-R, CD95/Fas, TRAIL-R

FADD

Libération de Cytochrome c

Apaf-1

Apoptosome

**Dépôts mitochondriaux de fer Production de ROS**

Caspase 8

Caspase 9

**Voie Intrinsèque = Voie mitochondriale**

Caspase 3

**APOPTOSE**

FIGURE N°3. Mécanismes de dérégulation de l'apoptose au cours des SMD

d'après Corey. Nat Rev Cancer. 2007; (7) : 118-29.

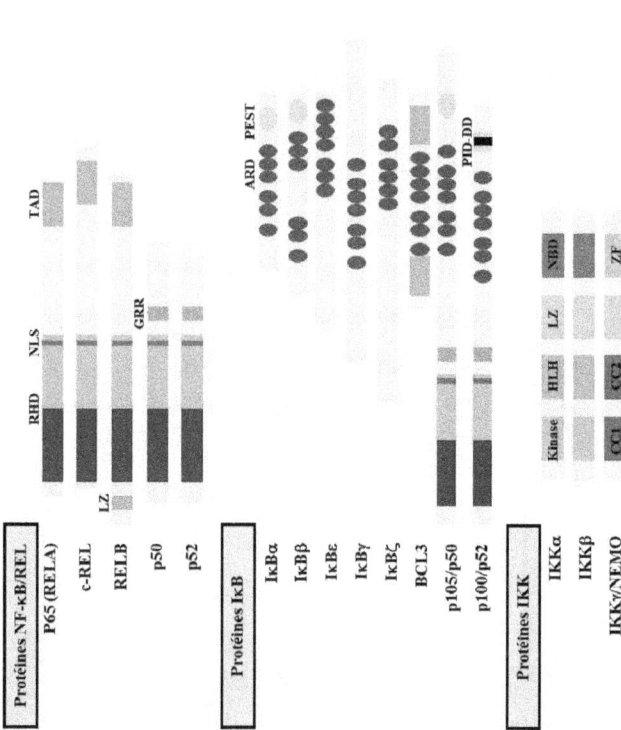

Protéines NF-κB/REL

P65 (RELA)
c-REL
RELB
p50
p52

RHD  NLS  TAD
LZ
GRR

Protéines IκB

IκBα
IκBβ
IκBε
IκBγ
IκBζ
BCL3
p105/p50
p100/p52

ARD  PEST
PID DD

Protéines IKK

IKKα
IKKβ
IKKγ/NEMO

Kinase  HLH  LZ  NBD
CC1  CC2  ZF

FIGURE N°4. Famille de NF-κB : Protéines NF-κB, IκB et IKK
d'après Keutgens. Bioch Pharmacol. 2006. (72) : 1069-80.

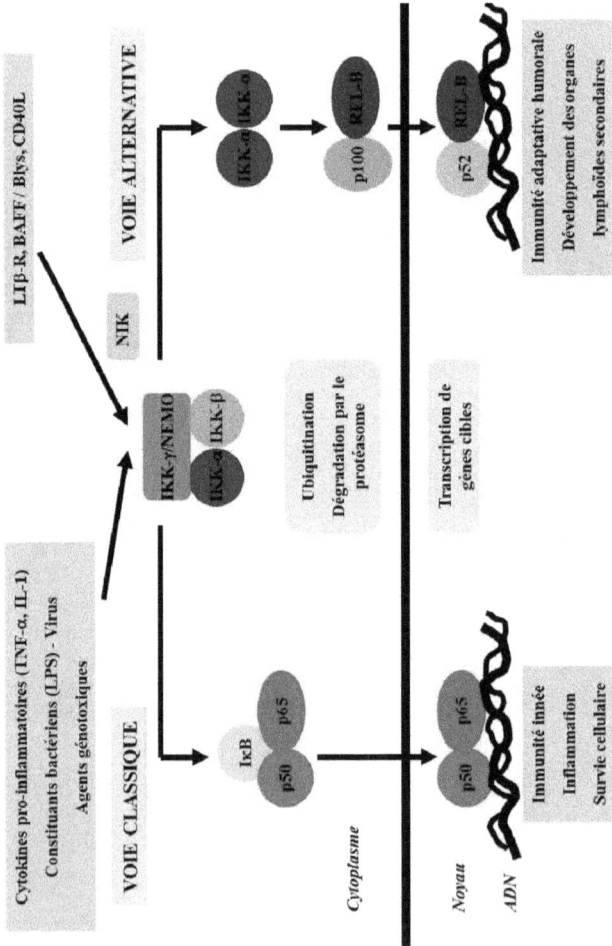

Cytokines pro-inflammatoires (TNF-α, IL-1) Constituants bactériens (LPS) - Virus Agents génotoxiques

LTβ-R, BAFF / Blys, CD40L

VOIE CLASSIQUE

VOIE ALTERNATIVE

NIK

IKK-γ/NEMO

IKK-α   IKK-β

IKK-α   IKK-α

IκB   p65   p50

p100   REL-B

p52   REL-B

Ubiquitination Dégradation par le protéasome

Transcription de gènes cibles

Cytoplasme

Noyau

ADN

p50   p65

Immunité innée Inflammation Survie cellulaire

Immunité adaptative humorale Développement des organes lymphoïdes secondaires

FIGURE N°5. Deux principales voies d'activation de NF-κB et leur rôle en physiologie

d'après Karin. Nat Rev Cancer. 2002. (2) : 301-10.

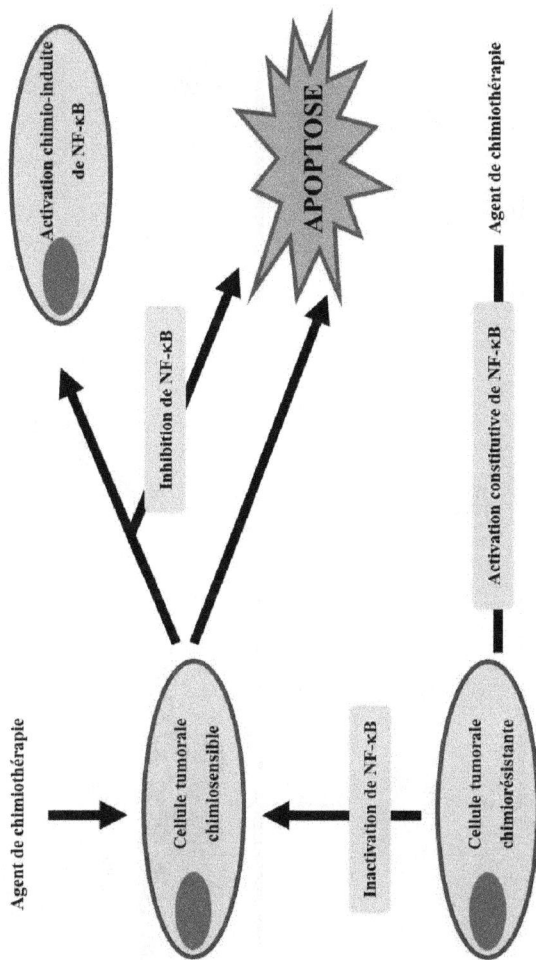

**FIGURE N°6. Effets de l'inhibition de NF-κB sur les cellules cancéreuses traitées par chimiothérapie**

d'après *Nakanishi. Nat Rev Cancer. 2005. (5) : 297-309.*

Agent de chimiothérapie

Cellule tumorale chimiosensible

Activation chimio-induite de NF-κB

Inhibition de NF-κB

APOPTOSE

Inactivation de NF-κB

Cellule tumorale chimiorésistante

Activation constitutive de NF-κB

Agent de chimiothérapie

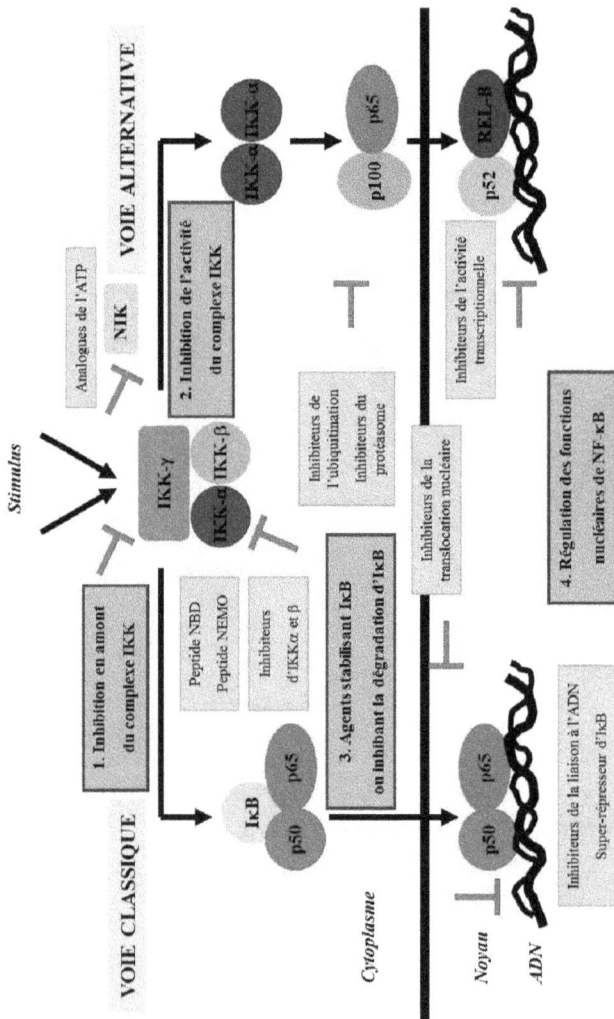

**FIGURE N°7. Stratégies d'inhibition de NF-κB**
d'après *Gilmore. Oncogene. 2006. (25) : 6887-99.*

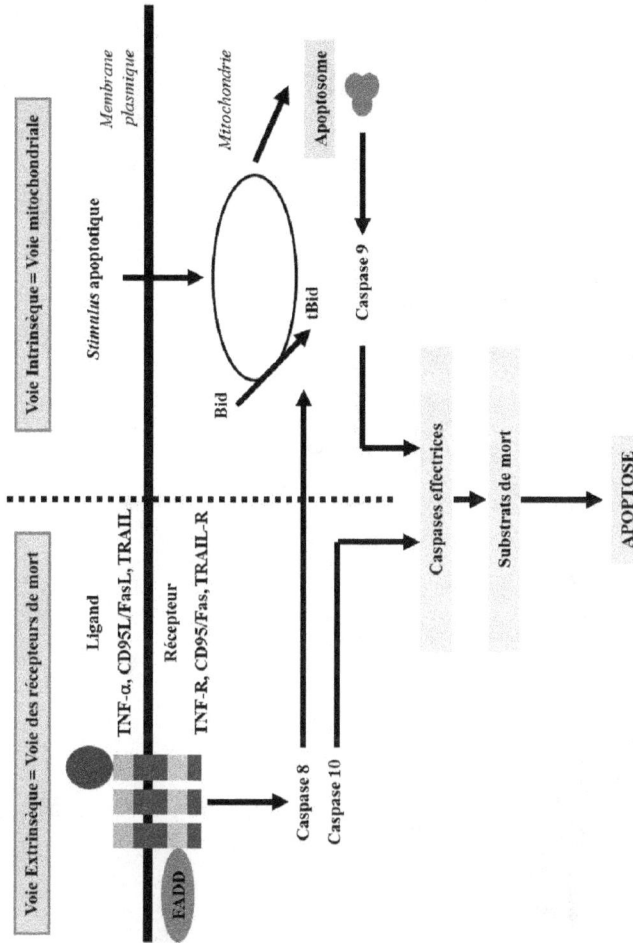

**Voie Extrinsèque = Voie des récepteurs de mort**

**Voie Intrinsèque = Voie mitochondriale**

*Membrane plasmique*

*Mitochondrie*

Ligand
TNF-α, CD95L/FasL, TRAIL

Récepteur
TNF-R, CD95/Fas, TRAIL-R

FADD

*Stimulus apoptotique*

Bid

tBid

Apoptosome

Caspase 9

Caspase 8
Caspase 10

Caspases effectrices

Substrats de mort

APOPTOSE

**FIGURE N°8. Deux principales voies de signalisation de l'apoptose**

d'après *Igney. Nat Rev Cancer 2002. (2) : 277-88.*

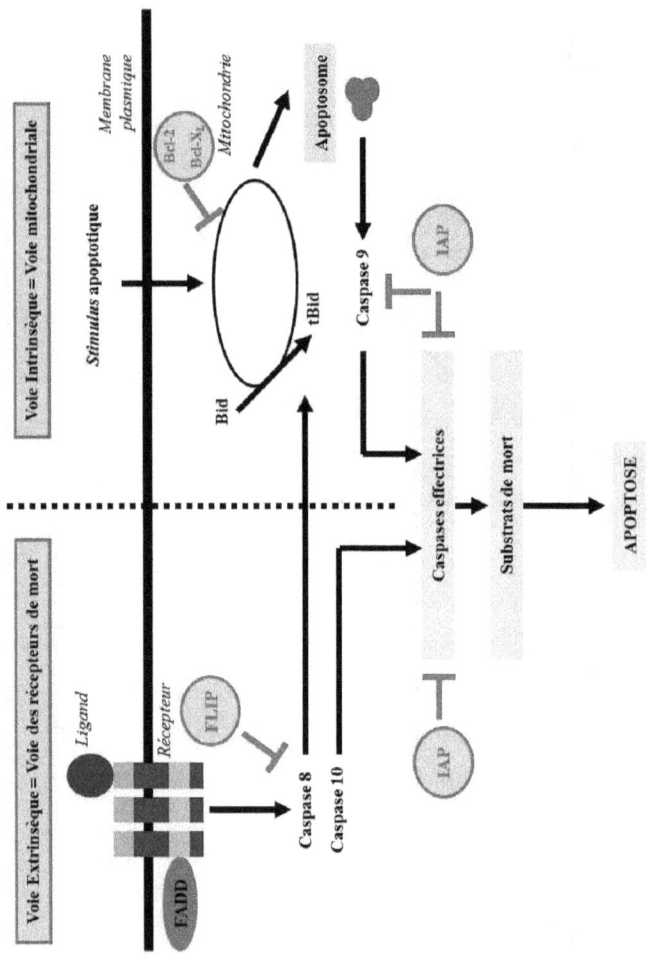

**Voie Extrinsèque = Voie des récepteurs de mort**

**Voie Intrinsèque = Voie mitochondriale**

*Ligand*

*Récepteur*

FADD

FLIP

Caspase 8
Caspase 10

IAP

*Membrane plasmique*

*Stimulus apoptotique*

Bcl-2
Bcl-X_L

*Mitochondrie*

Apoptosome

Bid

tBid

Caspase 9

IAP

Caspases effectrices

Substrats de mort

**APOPTOSE**

FIGURE N°9. **Régulation des deux principales voies de signalisation de l'apoptose**
d'après *Igney. Nat Rev Cancer. 2002. (2) : 277-88.*

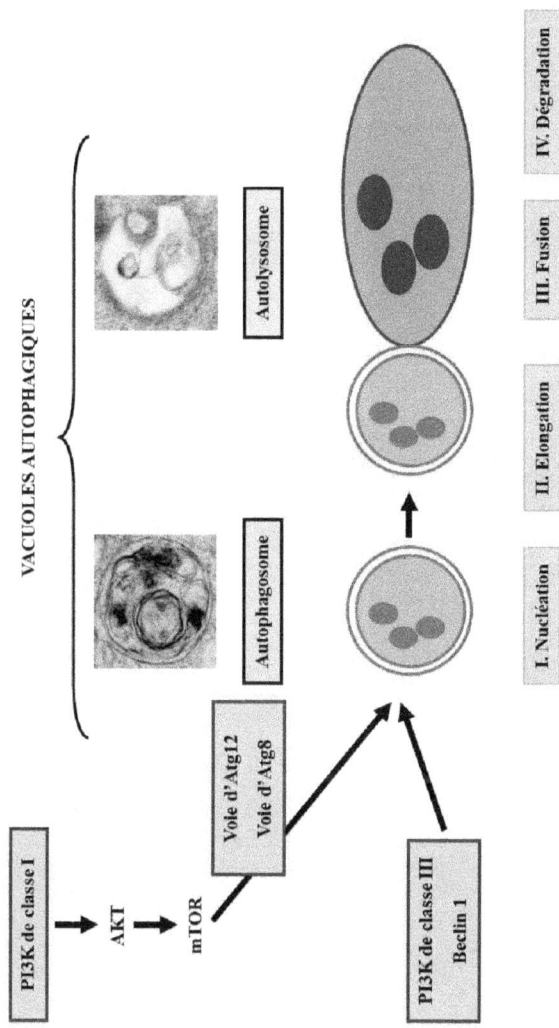

**VACUOLES AUTOPHAGIQUES**

Autophagosome

Autolysosome

Voie d'Atg12
Voie d'Atg8

PI3K de classe I → AKT → mTOR

PI3K de classe III
Beclin 1

I. Nucléation | II. Elongation | III. Fusion | IV. Dégradation

**FIGURE.N°10. Voies de signalisation mises en jeu dans l'autophagie**

d'après *Xiao. Cytokine Growth Factor Rev. 2007. (18) : 233-43.*

169

Membrane plasmique

Cytoplasme

TNF-R

IL-1R/TLR

LTβ-R

TRADD
TRAF2
RIP

IRAK
TRAF6
MyD88

TRAF

TAK1 TAB2 TAB1

IKK-γ IKK-β IKK-α

Rôle des kinases TAB, TAK ?

Activation constitutive de NF-κB

Noyau

ADN

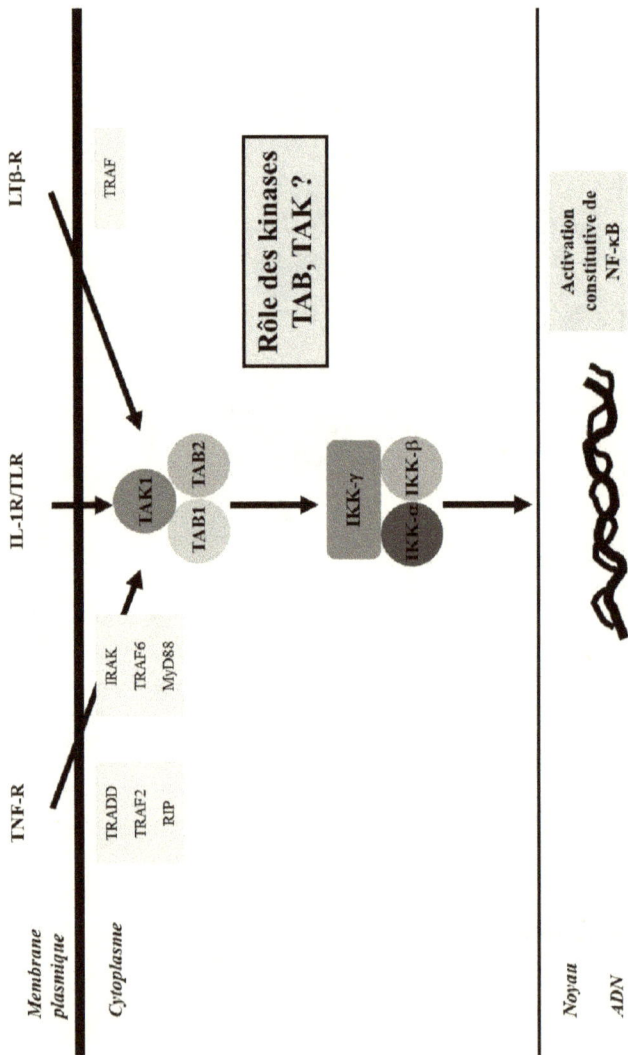

FIGURE N°11. Mécanismes d'activation d'IKKγ/NEMO dans les SMD ?

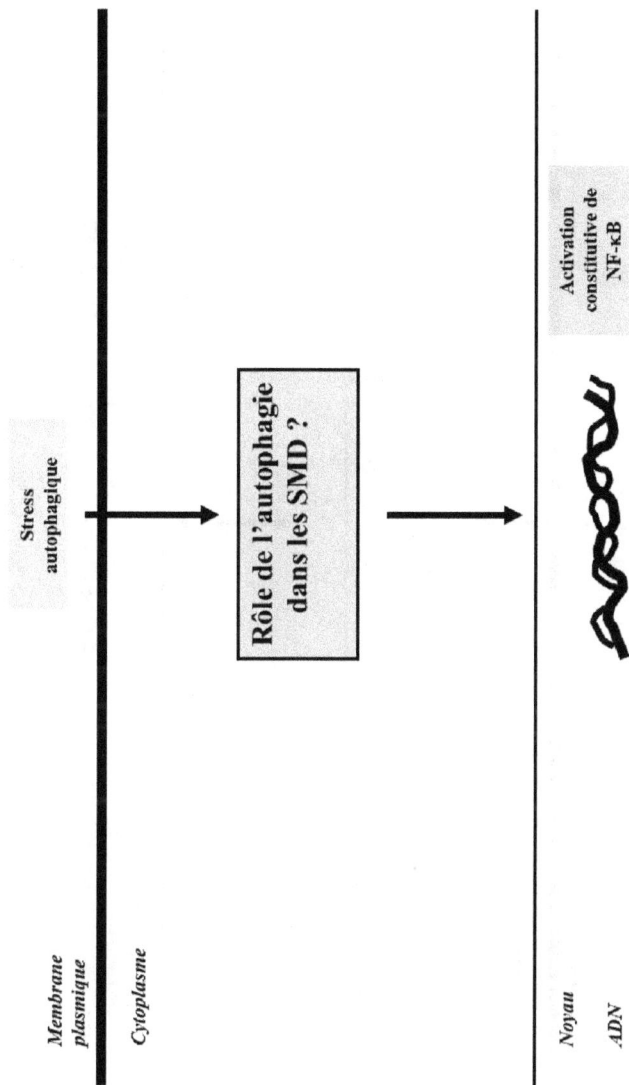

FIGURE N°12. Rôle de l'autophagie dans la physiopathologie des SMD ?

Membrane plasmique

Cytoplasme

Stress autophagique

Rôle de l'autophagie dans les SMD ?

Activation constitutive de NF-κB

Noyau

ADN

171

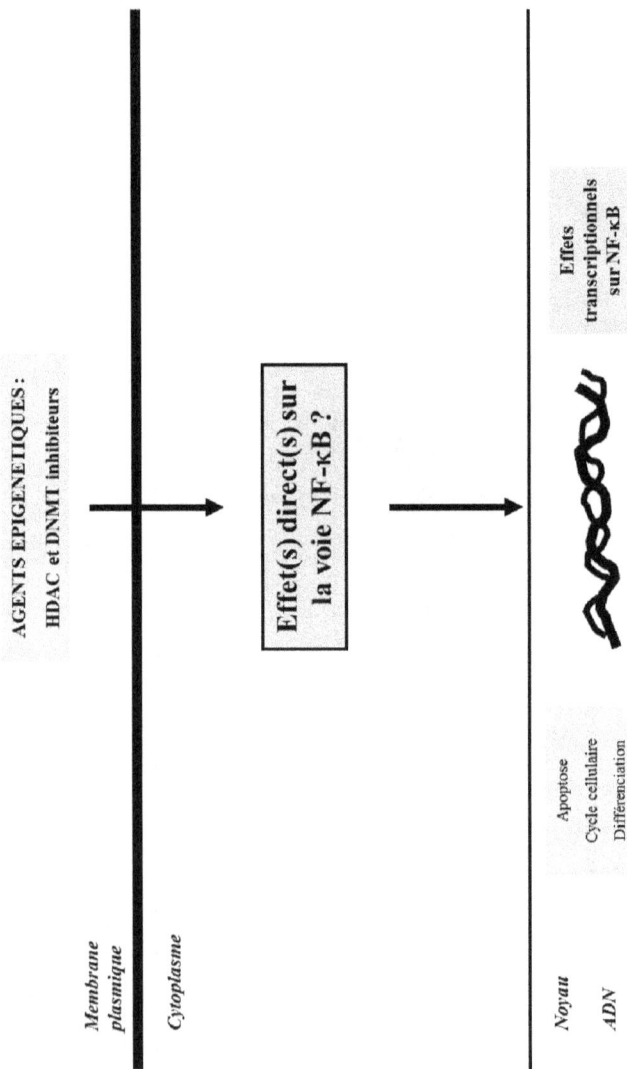

**AGENTS EPIGENETIQUES :**
HDAC et DNMT inhibiteurs

*Membrane plasmique*

*Cytoplasme*

**Effet(s) direct(s) sur la voie NF-κB ?**

Effets transcriptionnels sur NF-κB

*Noyau*

*ADN*

Apoptose
Cycle cellulaire
Différenciation

FIGURE N°13. Effet des agents épigénétiques sur la voie NF-κB dans les SMD ?

# BIBLIOGRAPHIE

1.	Braun T, Carvalho G, Coquelle A, et al. NF-kappaB constitutes a potential therapeutic target in high-risk myelodysplastic syndrome. Blood. 2006;107:1156-1165.

2.	Carvalho G, Fabre C, Braun T, et al. Inhibition of NEMO, the regulatory subunit of the IKK complex, induces apoptosis in high-risk myelodysplastic syndrome and acute myeloid leukemia. Oncogene. 2007;26:2299-2307.

3.	Fabre C, Carvalho G, Tasdemir E, et al. NF-kappaB inhibition sensitizes to starvation-induced cell death in high-risk myelodysplastic syndrome and acute myeloid leukemia. Oncogene. 2007;26:4071-4083.

4.	Fenaux P. Myelodysplastic syndromes: From pathogenesis and prognosis to treatment. Semin Hematol. 2004;41:6-12.

5.	Lessard M, Gervais C, Struski S. [Chromosomal abnormalities in secondary myelodysplastic syndromes and leukemias]. Pathol Biol (Paris). 2003;51:356-365.

6.	Nisse C, Haguenoer JM, Grandbastien B, et al. Occupational and environmental risk factors of the myelodysplastic syndromes in the North of France. Br J Haematol. 2001;112:927-935.

7.	Garfinkel L, Boffetta P. Association between smoking and leukemia in two American Cancer Society prospective studies. Cancer. 1990;65:2356-2360.

8.	Rigolin GM, Cuneo A, Roberti MG, et al. Exposure to myelotoxic agents and myelodysplasia: case-control study and correlation with clinicobiological findings. Br J Haematol. 1998;103:189-197.

9.	West RR, Stafford DA, Farrow A, Jacobs A. Occupational and environmental exposures and myelodysplasia: a case-control study. Leuk Res. 1995;19:127-139.

10.	Claessens YE, Fontenay-Roupie M. [Physiopathology of myelodysplastic syndromes]. Pathol Biol (Paris). 2002;50:261-267.

11.    Aul C, Gattermann N, Schneider W. Age-related incidence and other epidemiological aspects of myelodysplastic syndromes. Br J Haematol. 1992;82:358-367.

12.    Germing U, Strupp C, Kundgen A, et al. No increase in age-specific incidence of myelodysplastic syndromes. Haematologica. 2004;89:905-910.

13.    Williamson PJ, Kruger AR, Reynolds PJ, Hamblin TJ, Oscier DG. Establishing the incidence of myelodysplastic syndrome. Br J Haematol. 1994;87:743-745.

14.    Maynadie M, Verret C, Moskovtchenko P, et al. Epidemiological characteristics of myelodysplastic syndrome in a well-defined French population. Br J Cancer. 1996;74:288-290.

15.    Aul C, Giagounidis A, Germing U. Epidemiological features of myelodysplastic syndromes: results from regional cancer surveys and hospital-based statistics. Int J Hematol. 2001;73:405-410.

16.    Reizenstein P, Dabrowski L. Increasing prevalence of the myelodysplastic syndrome. An international Delphi study. Anticancer Res. 1991;11:1069-1070.

17.    Radlund A, Thiede T, Hansen S, Carlsson M, Engquist L. Incidence of myelodysplastic syndromes in a Swedish population. Eur J Haematol. 1995;54:153-156.

18.    Bennett JM, Catovsky D, Daniel MT, et al. Proposals for the classification of the myelodysplastic syndromes. Br J Haematol. 1982;51:189-199.

19.    Varela BL, Chuang C, Woll JE, Bennett JM. Modifications in the classification of primary myelodysplastic syndromes: the addition of a scoring system. Hematol Oncol. 1985;3:55-63.

20.    Harris NL, Jaffe ES, Diebold J, et al. The World Health Organization classification of hematological malignancies report of the Clinical

Advisory Committee Meeting, Airlie House, Virginia, November 1997. Mod Pathol. 2000;13:193-207.

21.    Harris NL, Jaffe ES, Diebold J, et al. The World Health Organization classification of neoplastic diseases of the hematopoietic and lymphoid tissues. Report of the Clinical Advisory Committee meeting, Airlie House, Virginia, November, 1997. Ann Oncol. 1999;10:1419-1432.

22.    Bennett JM. World Health Organization classification of the acute leukemias and myelodysplastic syndrome. Int J Hematol. 2000;72:131-133.

23.    Vardiman JW, Harris NL, Brunning RD. The World Health Organization (WHO) classification of the myeloid neoplasms. Blood. 2002;100:2292-2302.

24.    Garcia S, Sanz MA, Amigo V, et al. Prognostic factors in chronic myelodysplastic syndromes: a multivariate analysis in 107 cases. Am J Hematol. 1988;27:163-168.

25.    Worsley A, Oscier DG, Stevens J, et al. Prognostic features of chronic myelomonocytic leukaemia: a modified Bournemouth score gives the best prediction of survival. Br J Haematol. 1988;68:17-21.

26.    Aul C, Gattermann N, Heyll A, Germing U, Derigs G, Schneider W. Primary myelodysplastic syndromes: analysis of prognostic factors in 235 patients and proposals for an improved scoring system. Leukemia. 1992;6:52-59.

27.    Morel P, Hebbar M, Lai JL, et al. Cytogenetic analysis has strong independent prognostic value in de novo myelodysplastic syndromes and can be incorporated in a new scoring system: a report on 408 cases. Leukemia. 1993;7:1315-1323.

28.    Greenberg P, Cox C, LeBeau MM, et al. International scoring system for evaluating prognosis in myelodysplastic syndromes. Blood. 1997;89:2079-2088.

29.    Abrahamson G, Boultwood J, Madden J, et al. Clonality of cell populations in refractory anaemia using combined approach of gene loss and X-linked restriction fragment length polymorphism-methylation analyses. Br J Haematol. 1991;79:550-555.

30.    Delforge M. Understanding the pathogenesis of myelodysplastic syndromes. Hematol J. 2003;4:303-309.

31.    Nilsson L, Astrand-Grundstrom I, Arvidsson I, et al. Isolation and characterization of hematopoietic progenitor/stem cells in 5q-deleted myelodysplastic syndromes: evidence for involvement at the hematopoietic stem cell level. Blood. 2000;96:2012-2021.

32.    Tischkowitz M, Dokal I. Fanconi anaemia and leukaemia - clinical and molecular aspects. Br J Haematol. 2004;126:176-191.

33.    Chen H, Sandler DP, Taylor JA, et al. Increased risk for myelodysplastic syndromes in individuals with glutathione transferase theta 1 (GSTT1) gene defect. Lancet. 1996;347:295-297.

34.    Farquhar MJ, Bowen DT. Oxidative stress and the myelodysplastic syndromes. Int J Hematol. 2003;77:342-350.

35.    Rothman N, Smith MT, Hayes RB, et al. Benzene poisoning, a risk factor for hematological malignancy, is associated with the NQO1 609C-->T mutation and rapid fractional excretion of chlorzoxazone. Cancer Res. 1997;57:2839-2842.

36.    Boultwood J, Fidler C, Kusec R, et al. Telomere length in myelodysplastic syndromes. Am J Hematol. 1997;56:266-271.

37.    Engelhardt M, Wasch R, Guo Y. Telomeres and telomerase in normal and leukemic hematopoietic cells. Leuk Res. 2004;28:1001-1004.

38.    Ohyashiki JH, Ohyashiki K, Fujimura T, et al. Telomere shortening associated with disease evolution patterns in myelodysplastic syndromes. Cancer Res. 1994;54:3557-3560.

39.    Ohyashiki JH, Iwama H, Yahata N, et al. Telomere stability is frequently impaired in high-risk groups of patients with myelodysplastic syndromes. Clin Cancer Res. 1999;5:1155-1160.

40.    Henikoff S, Matzke MA. Exploring and explaining epigenetic effects. Trends Genet. 1997;13:293-295.

41.    Quesnel B, Guillerm G, Vereecque R, et al. Methylation of the p15(INK4b) gene in myelodysplastic syndromes is frequent and acquired during disease progression. Blood. 1998;91:2985-2990.

42.    Uchida T, Kinoshita T, Nagai H, et al. Hypermethylation of the p15INK4B gene in myelodysplastic syndromes. Blood. 1997;90:1403-1409.

43.    Preisler HD, Li B, Chen H, et al. P15INK4B gene methylation and expression in normal, myelodysplastic, and acute myelogenous leukemia cells and in the marrow cells of cured lymphoma patients. Leukemia. 2001;15:1589-1595.

44.    Tien HF, Tang JH, Tsay W, et al. Methylation of the p15(INK4B) gene in myelodysplastic syndrome: it can be detected early at diagnosis or during disease progression and is highly associated with leukaemic transformation. Br J Haematol. 2001;112:148-154.

45.    Teofili L, Martini M, Di Mario A, et al. Expression of p15(ink4b) gene during megakaryocytic differentiation of normal and myelodysplastic hematopoietic progenitors. Blood. 2001;98:495-497.

46.    Lubbert M. Gene silencing of the p15/INK4B cell-cycle inhibitor by hypermethylation: an early or later epigenetic alteration in myelodysplastic syndromes? Leukemia. 2003;17:1762-1764.

47.    Esteller M, Herman JG. Cancer as an epigenetic disease: DNA methylation and chromatin alterations in human tumours. J Pathol. 2002;196:1-7.

48. Herman JG, Baylin SB. Gene silencing in cancer in association with promoter hypermethylation. N Engl J Med. 2003;349:2042-2054.

49. Aoki E, Uchida T, Ohashi H, et al. Methylation status of the p15INK4B gene in hematopoietic progenitors and peripheral blood cells in myelodysplastic syndromes. Leukemia. 2000;14:586-593.

50. Uchida T, Kinoshita T, Hotta T, Murate T. High-risk myelodysplastic syndromes and hypermethylation of the p15Ink4B gene. Leuk Lymphoma. 1998;32:9-18.

51. Dhodapkar M, Grill J, Lust JA. Abnormal regional hypermethylation of the calcitonin gene in myelodysplastic syndromes. Leuk Res. 1995;19:719-726.

52. Ihalainen J, Pakkala S, Savolainen ER, Jansson SE, Palotie A. Hypermethylation of the calcitonin gene in the myelodysplastic syndromes. Leukemia. 1993;7:263-267.

53. Silverman LR. DNA methyltransferase inhibitors in myelodysplastic syndrome. Best Pract Res Clin Haematol. 2004;17:585-594.

54. Wijermans PW, Krulder JW, Huijgens PC, Neve P. Continuous infusion of low-dose 5-Aza-2'-deoxycytidine in elderly patients with high-risk myelodysplastic syndrome. Leukemia. 1997;11:1-5.

55. Wijermans P, Lubbert M, Verhoef G, et al. Low-dose 5-aza-2'-deoxycytidine, a DNA hypomethylating agent, for the treatment of high-risk myelodysplastic syndrome: a multicenter phase II study in elderly patients. J Clin Oncol. 2000;18:956-962.

56. Backx B, Broeders L, Touw I, Lowenberg B. Blast colony-forming cells in myelodysplastic syndrome: decreased potential to generate erythroid precursors. Leukemia. 1993;7:75-79.

57. Mayani H, Baines P, Bowen DT, Jacobs A. In vitro growth of myeloid and erythroid progenitor cells from myelodysplastic patients in

response to recombinant human granulocyte-macrophage colony-stimulating factor. Leukemia. 1989;3:29-32.

58. Tanner JW, Chen W, Young RL, Longmore GD, Shaw AS. The conserved box 1 motif of cytokine receptors is required for association with JAK kinases. J Biol Chem. 1995;270:6523-6530.

59. Witthuhn BA, Quelle FW, Silvennoinen O, et al. JAK2 associates with the erythropoietin receptor and is tyrosine phosphorylated and activated following stimulation with erythropoietin. Cell. 1993;74:227-236.

60. Hoefsloot LH, van Amelsvoort MP, Broeders LC, et al. Erythropoietin-induced activation of STAT5 is impaired in the myelodysplastic syndrome. Blood. 1997;89:1690-1700.

61. Backx B, Broeders L, Hoefsloot LH, Wognum B, Lowenberg B. Erythropoiesis in myelodysplastic syndrome: expression of receptors for erythropoietin and kit ligand. Leukemia. 1996;10:466-472.

62. Fuhler GM, Drayer AL, Vellenga E. Decreased phosphorylation of protein kinase B and extracellular signal-regulated kinase in neutrophils from patients with myelodysplasia. Blood. 2003;101:1172-1180.

63. Hofmann WK, Kalina U, Koschmieder S, Seipelt G, Hoelzer D, Ottmann OG. Defective megakaryocytic development in myelodysplastic syndromes. Leuk Lymphoma. 2000;38:13-19.

64. Kalina U, Hofmann WK, Koschmieder S, et al. Alteration of c-mpl-mediated signal transduction in CD34(+) cells from patients with myelodysplastic syndromes. Exp Hematol. 2000;28:1158-1163.

65. Paquette RL, Landaw EM, Pierre RV, et al. N-ras mutations are associated with poor prognosis and increased risk of leukemia in myelodysplastic syndrome. Blood. 1993;82:590-599.

66. Neubauer A, Greenberg P, Negrin R, Ginzton N, Liu E. Mutations in the ras proto-oncogenes in patients with myelodysplastic syndromes. Leukemia. 1994;8:638-641.

67.   Yunis JJ, Boot AJ, Mayer MG, Bos JL. Mechanisms of ras mutation in myelodysplastic syndrome. Oncogene. 1989;4:609-614.

68.   Lyons J, Janssen JW, Bartram C, Layton M, Mufti GJ. Mutation of Ki-ras and N-ras oncogenes in myelodysplastic syndromes. Blood. 1988;71:1707-1712.

69.   Bos JL. ras oncogenes in human cancer: a review. Cancer Res. 1989;49:4682-4689.

70.   Hirai H, Ishikawa F. The N-ras oncogene in myelodysplastic syndrome and leukemia. Nippon Ketsueki Gakkai Zasshi. 1988;51:1463-1470.

71.   Padua RA, Guinn BA, Al-Sabah AI, et al. RAS, FMS and p53 mutations and poor clinical outcome in myelodysplasias: a 10-year follow-up. Leukemia. 1998;12:887-892.

72.   Mitani K, Hangaishi A, Imamura N, et al. No concomitant occurrence of the N-ras and p53 gene mutations in myelodysplastic syndromes. Leukemia. 1997;11:863-865.

73.   Horiike S, Misawa S, Nakai H, et al. N-ras mutation and karyotypic evolution are closely associated with leukemic transformation in myelodysplastic syndrome. Leukemia. 1994;8:1331-1336.

74.   Estey EH. Modulation of angiogenesis in patients with myelodysplastic syndrome. Best Pract Res Clin Haematol. 2004;17:623-639.

75.   Pruneri G, Bertolini F, Soligo D, et al. Angiogenesis in myelodysplastic syndromes. Br J Cancer. 1999;81:1398-1401.

76.   Aguayo A, Kantarjian H, Manshouri T, et al. Angiogenesis in acute and chronic leukemias and myelodysplastic syndromes. Blood. 2000;96:2240-2245.

77. Hussong JW, Rodgers GM, Shami PJ. Evidence of increased angiogenesis in patients with acute myeloid leukemia. Blood. 2000;95:309-313.

78. Kumar S, Witzig TE, Dispenzieri A, et al. Effect of thalidomide therapy on bone marrow angiogenesis in multiple myeloma. Leukemia. 2004;18:624-627.

79. Bellamy WT, Richter L, Sirjani D, et al. Vascular endothelial cell growth factor is an autocrine promoter of abnormal localized immature myeloid precursors and leukemia progenitor formation in myelodysplastic syndromes. Blood. 2001;97:1427-1434.

80. Broxmeyer HE, Cooper S, Li ZH, et al. Myeloid progenitor cell regulatory effects of vascular endothelial cell growth factor. Int J Hematol. 1995;62:203-215.

81. Albitar M. Angiogenesis in acute myeloid leukemia and myelodysplastic syndrome. Acta Haematol. 2001;106:170-176.

82. Zhou J, Mauerer K, Farina L, Gribben JG. The role of the tumor microenvironment in hematological malignancies and implication for therapy. Front Biosci. 2005;10:1581-1596.

83. Clarke PG. Developmental cell death: morphological diversity and multiple mechanisms. Anat Embryol (Berl). 1990;181:195-213.

84. Shetty V, Hussaini S, Broady-Robinson L, et al. Intramedullary apoptosis of hematopoietic cells in myelodysplastic syndrome patients can be massive: apoptotic cells recovered from high-density fraction of bone marrow aspirates. Blood. 2000;96:1388-1392.

85. Parker JE, Mufti GJ. Ineffective haemopoiesis and apoptosis in myelodysplastic syndromes. Br J Haematol. 1998;101:220-230.

86. Parker JE, Mufti GJ. The role of apoptosis in the pathogenesis of the myelodysplastic syndromes. Int J Hematol. 2001;73:416-428.

87.    Yoshida Y, Mufti GJ. Apoptosis and its significance in MDS: controversies revisited. Leuk Res. 1999;23:777-785.

88.    Shimazaki K, Ohshima K, Suzumiya J, Kawasaki C, Kikuchi M. Apoptosis and prognostic factors in myelodysplastic syndromes. Leuk Lymphoma. 2002;43:257-260.

89.    Raza A, Gezer S, Mundle S, et al. Apoptosis in bone marrow biopsy samples involving stromal and hematopoietic cells in 50 patients with myelodysplastic syndromes. Blood. 1995;86:268-276.

90.    Bogdanovic AD, Jankovic GM, Colovic MD, Trpinac DP, Bumbasirevic VZ. Apoptosis in bone marrow of myelodysplastic syndrome patients. Blood. 1996;87:3064.

91.    Mundle S, Venugopal P, Shetty V, et al. The relative extent and propensity of CD34+ vs. CD34- cells to undergo apoptosis in myelodysplastic marrows. Int J Hematol. 1999;69:152-159.

92.    Parker JE, Mufti GJ, Rasool F, Mijovic A, Devereux S, Pagliuca A. The role of apoptosis, proliferation, and the Bcl-2-related proteins in the myelodysplastic syndromes and acute myeloid leukemia secondary to MDS. Blood. 2000;96:3932-3938.

93.    Novitzky N, Mohamed R, Finlayson J, du Toit C. Increased apoptosis of bone marrow cells and preserved proliferative capacity of selected progenitors predict for clinical response to anti-inflammatory therapy in myelodysplastic syndromes. Exp Hematol. 2000;28:941-949.

94.    Bouscary D, De Vos J, Guesnu M, et al. Fas/Apo-1 (CD95) expression and apoptosis in patients with myelodysplastic syndromes. Leukemia. 1997;11:839-845.

95.    Gersuk GM, Beckham C, Loken MR, et al. A role for tumour necrosis factor-alpha, Fas and Fas-Ligand in marrow failure associated with myelodysplastic syndrome. Br J Haematol. 1998;103:176-188.

96. Deeg HJ, Beckham C, Loken MR, et al. Negative regulators of hemopoiesis and stroma function in patients with myelodysplastic syndrome. Leuk Lymphoma. 2000;37:405-414.

97. Allampallam K, Shetty V, Mundle S, et al. Biological significance of proliferation, apoptosis, cytokines, and monocyte/macrophage cells in bone marrow biopsies of 145 patients with myelodysplastic syndrome. Int J Hematol. 2002;75:289-297.

98. Maciejewski JP, Risitano AM, Sloand EM, et al. A pilot study of the recombinant soluble human tumour necrosis factor receptor (p75)-Fc fusion protein in patients with myelodysplastic syndrome. Br J Haematol. 2002;117:119-126.

99. Hellstrom-Lindberg E, Schmidt-Mende J, Forsblom AM, Christensson B, Fadeel B, Zhivotovsky B. Apoptosis in refractory anaemia with ringed sideroblasts is initiated at the stem cell level and associated with increased activation of caspases. Br J Haematol. 2001;112:714-726.

100. Shetty V, Hussaini S, Alvi S, et al. Excessive apoptosis, increased phagocytosis, nuclear inclusion bodies and cylindrical confronting cisternae in bone marrow biopsies of myelodysplastic syndrome patients. Br J Haematol. 2002;116:817-825.

101. Testa U. Apoptotic mechanisms in the control of erythropoiesis. Leukemia. 2004;18:1176-1199.

102. Lepelley P, Campergue L, Grardel N, Preudhomme C, Cosson A, Fenaux P. Is apoptosis a massive process in myelodysplastic syndromes? Br J Haematol. 1996;95:368-371.

103. Hellstrom-Lindberg E, Kanter-Lewensohn L, Ost A. Morphological changes and apoptosis in bone marrow from patients with myelodysplastic syndromes treated with granulocyte-CSF and erythropoietin. Leuk Res. 1997;21:415-425.

104. Parker JE, Fishlock KL, Mijovic A, Czepulkowski B, Pagliuca A, Mufti GJ. 'Low-risk' myelodysplastic syndrome is associated with excessive apoptosis and an increased ratio of pro- versus anti-apoptotic bcl-2-related proteins. Br J Haematol. 1998;103:1075-1082.

105. Rajapaksa R, Ginzton N, Rott LS, Greenberg PL. Altered oncoprotein expression and apoptosis in myelodysplastic syndrome marrow cells. Blood. 1996;88:4275-4287.

106. Boudard D, Sordet O, Vasselon C, et al. Expression and activity of caspases 1 and 3 in myelodysplastic syndromes. Leukemia. 2000;14:2045-2051.

107. Li X, Bryant CE, Deeg HJ. Simultaneous demonstration of clonal chromosome abnormalities and apoptosis in individual marrow cells in myelodysplastic syndrome. Int J Hematol. 2004;80:140-145.

108. Tsoplou P, Kouraklis-Symeonidis A, Thanopoulou E, Zikos P, Orphanos V, Zoumbos NC. Apoptosis in patients with myelodysplastic syndromes: differential involvement of marrow cells in 'good' versus 'poor' prognosis patients and correlation with apoptosis-related genes. Leukemia. 1999;13:1554-1563.

109. Kurotaki H, Tsushima Y, Nagai K, Yagihashi S. Apoptosis, bcl-2 expression and p53 accumulation in myelodysplastic syndrome, myelodysplastic-syndrome-derived acute myelogenous leukemia and de novo acute myelogenous leukemia. Acta Haematol. 2000;102:115-123.

110. Aizawa S, Nakano M, Iwase O, et al. Bone marrow stroma from refractory anemia of myelodysplastic syndrome is defective in its ability to support normal CD34-positive cell proliferation and differentiation in vitro. Leuk Res. 1999;23:239-246.

111. Merchant SH, Gonchoroff NJ, Hutchison RE. Apoptotic index by Annexin V flow cytometry: adjunct to morphologic and cytogenetic diagnosis of myelodysplastic syndromes. Cytometry. 2001;46:28-32.

112. Tehranchi R, Fadeel B, Forsblom AM, et al. Granulocyte colony-stimulating factor inhibits spontaneous cytochrome c release and mitochondria-dependent apoptosis of myelodysplastic syndrome hematopoietic progenitors. Blood. 2003;101:1080-1086.

113. Berger G, Hunault-Berger M, Rachieru P, et al. Increased apoptosis in mononucleated cells but not in CD34+ cells in blastic forms of myelodysplastic syndromes. Hematol J. 2001;2:87-96.

114. Matthes TW, Meyer G, Samii K, Beris P. Increased apoptosis in acquired sideroblastic anaemia. Br J Haematol. 2000;111:843-852.

115. Michalopoulou S, Micheva I, Kouraklis-Symeonidis A, Kakagianni T, Symeonidis A, Zoumbos NC. Impaired clonogenic growth of myelodysplastic bone marrow progenitors in vitro is irrelevant to their apoptotic state. Leuk Res. 2004;28:805-812.

116. Tauro S, Hepburn MD, Bowen DT, Pippard MJ. Assessment of stromal function, and its potential contribution to deregulation of hematopoiesis in the myelodysplastic syndromes. Haematologica. 2001;86:1038-1045.

117. Tauro S, Hepburn MD, Peddie CM, Bowen DT, Pippard MJ. Functional disturbance of marrow stromal microenvironment in the myelodysplastic syndromes. Leukemia. 2002;16:785-790.

118. Kook H, Zeng W, Guibin C, Kirby M, Young NS, Maciejewski JP. Increased cytotoxic T cells with effector phenotype in aplastic anemia and myelodysplasia. Exp Hematol. 2001;29:1270-1277.

119. Claessens YE, Bouscary D, Dupont JM, et al. In vitro proliferation and differentiation of erythroid progenitors from patients with myelodysplastic syndromes: evidence for Fas-dependent apoptosis. Blood. 2002;99:1594-1601.

120.   Kitagawa M, Yamaguchi S, Takahashi M, Tanizawa T, Hirokawa K, Kamiyama R. Localization of Fas and Fas ligand in bone marrow cells demonstrating myelodysplasia. Leukemia. 1998;12:486-492.

121.   Campioni D, Secchiero P, Corallini F, et al. Evidence for a role of TNF-related apoptosis-inducing ligand (TRAIL) in the anemia of myelodysplastic syndromes. Am J Pathol. 2005;166:557-563.

122.   Zang DY, Goodwin RG, Loken MR, Bryant E, Deeg HJ. Expression of tumor necrosis factor-related apoptosis-inducing ligand, Apo2L, and its receptors in myelodysplastic syndrome: effects on in vitro hemopoiesis. Blood. 2001;98:3058-3065.

123.   Reza S, Dar S, Andric T, et al. Biologic characteristics of 164 patients with myelodysplastic syndromes. Leuk Lymphoma. 1999;33:281-287.

124.   Gersuk GM, Lee JW, Beckham CA, Anderson J, Deeg HJ. Fas (CD95) receptor and Fas-ligand expression in bone marrow cells from patients with myelodysplastic syndrome. Blood. 1996;88:1122-1123.

125.   Plasilova M, Zivny J, Jelinek J, et al. TRAIL (Apo2L) suppresses growth of primary human leukemia and myelodysplasia progenitors. Leukemia. 2002;16:67-73.

126.   Lepelley P, Grardel N, Erny O, et al. Fas/APO-1 (CD95) expression in myelodysplastic syndromes. Leuk Lymphoma. 1998;30:307-312.

127.   Sloand EM, Mainwaring L, Fuhrer M, et al. Preferential suppression of trisomy 8 compared with normal hematopoietic cell growth by autologous lymphocytes in patients with trisomy 8 myelodysplastic syndrome. Blood. 2005;106:841-851.

128.   Chen G, Zeng W, Miyazato A, et al. Distinctive gene expression profiles of CD34 cells from patients with myelodysplastic syndrome characterized by specific chromosomal abnormalities. Blood. 2004;104:4210-4218.

129. Dror Y. The role of mitochondrial-mediated apoptosis in a myelodysplastic syndrome secondary to congenital deletion of the short arm of chromosome 4. Exp Hematol. 2003;31:211-217.

130. Reddy PL, Shetty VT, Dutt D, et al. Increased incidence of mitochondrial cytochrome c-oxidase gene mutations in patients with myelodysplastic syndromes. Br J Haematol. 2002;116:564-575.

131. Fontenay M, Cathelin S, Amiot M, Gyan E, Solary E. Mitochondria in hematopoiesis and hematological diseases. Oncogene. 2006;25:4757-4767.

132. Tehranchi R, Invernizzi R, Grandien A, et al. Aberrant mitochondrial iron distribution and maturation arrest characterize early erythroid precursors in low-risk myelodysplastic syndromes. Blood. 2005;106:247-253.

133. Gattermann N. Mitochondrial DNA mutations in the hematopoietic system. Leukemia. 2004;18:18-22.

134. Gattermann N, Wulfert M, Junge B, Germing U, Haas R, Hofhaus G. Ineffective hematopoiesis linked with a mitochondrial tRNA mutation (G3242A) in a patient with myelodysplastic syndrome. Blood. 2004;103:1499-1502.

135. Shin MG, Kajigaya S, Levin BC, Young NS. Mitochondrial DNA mutations in patients with myelodysplastic syndromes. Blood. 2003;101:3118-3125.

136. Craven SE, French D, Ye W, de Sauvage F, Rosenthal A. Loss of Hspa9b in zebrafish recapitulates the ineffective hematopoiesis of the myelodysplastic syndrome. Blood. 2005;105:3528-3534.

137. Zermati Y, Garrido C, Amsellem S, et al. Caspase activation is required for terminal erythroid differentiation. J Exp Med. 2001;193:247-254.

138. Bouscary D, Chen YL, Guesnu M, et al. Activity of the caspase-3/CPP32 enzyme is increased in "early stage" myelodysplastic syndromes with excessive apoptosis, but caspase inhibition does not enhance colony formation in vitro. Exp Hematol. 2000;28:784-791.

139. Matthes TW, Kindler V, Leuba F, et al. Optimized lentiviral transduction of erythroid precursors from healthy adults and patients with myelodysplastic syndromes. Leukemia. 2002;16:1319-1323.

140. Claessens YE, Park S, Dubart-Kupperschmitt A, et al. Rescue of early-stage myelodysplastic syndrome-deriving erythroid precursors by the ectopic expression of a dominant-negative form of FADD. Blood. 2005;105:4035-4042.

141. Delforge M, Raets V, Van Duppen V, Vandenberghe P, Boogaerts M. CD34+ marrow progenitors from MDS patients with high levels of intramedullary apoptosis have reduced expression of alpha4beta1 and alpha5beta1 integrins. Leukemia. 2005;19:57-63.

142. Houwerzijl EJ, Blom NR, van der Want JJ, et al. Increased peripheral platelet destruction and caspase-3-independent programmed cell death of bone marrow megakaryocytes in myelodysplastic patients. Blood. 2005;105:3472-3479.

143. Raza A, Mundle S, Shetty V, et al. A paradigm shift in myelodysplastic syndromes. Leukemia. 1996;10:1648-1652.

144. Dar S, Mundle S, Andric T, et al. Biological characteristics of myelodysplastic syndrome patients who demonstrated high versus no intramedullary apoptosis. Eur J Haematol. 1999;62:90-94.

145. Shimazaki K, Ohshima K, Suzumiya J, Kawasaki C, Kikuchi M. Evaluation of apoptosis as a prognostic factor in myelodysplastic syndromes. Br J Haematol. 2000;110:584-590.

146. Ramos F, Fuertes-Nunez M, Suarez-Vilela D, Fernandez-Lopez A. What does apoptosis have to do with clinical features in myelodysplastic syndrome? Haematologica. 2002;87:381-391.

147. Albitar M, Manshouri T, Shen Y, et al. Myelodysplastic syndrome is not merely "preleukemia". Blood. 2002;100:791-798.

148. Gupta P, Niehans GA, LeRoy SC, et al. Fas ligand expression in the bone marrow in myelodysplastic syndromes correlates with FAB subtype and anemia, and predicts survival. Leukemia. 1999;13:44-53.

149. Bincoletto C, Saad ST, Soares da Silva E, Queiroz ML. Autonomous proliferation and bcl-2 expression involving haematopoietic cells in patients with myelodysplastic syndrome. Br J Cancer. 1998;78:621-624.

150. Davis RE, Greenberg PL. Bcl-2 expression by myeloid precursors in myelodysplastic syndromes: relation to disease progression. Leuk Res. 1998;22:767-777.

151. Boudard D, Vasselon C, Bertheas MF, et al. Expression and prognostic significance of Bcl-2 family proteins in myelodysplastic syndromes. Am J Hematol. 2002;70:115-125.

152. Boudard D, Sordet O, Piselli S, Viallet A, Guyotat D, Campos L. Increased caspase-3 activity in refractory anemias: lack of evidence for Fas pathway implication. Leukemia. 2002;16:2343-2345.

153. Yamamoto K, Abe S, Nakagawa Y, et al. Expression of IAP family proteins in myelodysplastic syndromes transforming to overt leukemia. Leuk Res. 2004;28:1203-1211.

154. Benesch M, Platzbecker U, Ward J, Deeg HJ, Leisenring W. Expression of FLIP(Long) and FLIP(Short) in bone marrow mononuclear and CD34+ cells in patients with myelodysplastic syndrome: correlation with apoptosis. Leukemia. 2003;17:2460-2466.

155. Irvine AE, Magill MK, Somerville LE, McMullin MF. Spontaneous intramedullary apoptosis is present in disorders other than myelodysplasia. Exp Hematol. 1998;26:435-439.

156. Yuan J, Angelucci E, Lucarelli G, et al. Accelerated programmed cell death (apoptosis) in erythroid precursors of patients with severe beta-thalassemia (Cooley's anemia). Blood. 1993;82:374-377.

157. Yoshida Y, Kawabata H, Anzai N, Tohyama K. Apoptosis as a cell biological abnormality in myelodysplasia. Pathol Biol (Paris). 1997;45:573-578.

158. Philpott NJ, Scopes J, Marsh JC, Gordon-Smith EC, Gibson FM. Increased apoptosis in aplastic anemia bone marrow progenitor cells: possible pathophysiologic significance. Exp Hematol. 1995;23:1642-1648.

159. Koh PS, Hughes GC, Faulkner GR, Keeble WW, Bagby GC. The Fanconi anemia group C gene product modulates apoptotic responses to tumor necrosis factor-alpha and Fas ligand but does not suppress expression of receptors of the tumor necrosis factor receptor superfamily. Exp Hematol. 1999;27:1-8.

160. Perdahl EB, Naprstek BL, Wallace WC, Lipton JM. Erythroid failure in Diamond-Blackfan anemia is characterized by apoptosis. Blood. 1994;83:645-650.

161. Wong KF, So CC. Hypoplastic myelodysplastic syndrome-a clinical, morphologic, or genetic diagnosis? Cancer Genet Cytogenet. 2002;138:85-88.

162. Maciejewski JP, Selleri C. Evolution of clonal cytogenetic abnormalities in aplastic anemia. Leuk Lymphoma. 2004;45:433-440.

163. Rosenfeld C, List A. A hypothesis for the pathogenesis of myelodysplastic syndromes: implications for new therapies. Leukemia. 2000;14:2-8.

164. Saif MW, Hopkins JL, Gore SD. Autoimmune phenomena in patients with myelodysplastic syndromes and chronic myelomonocytic leukemia. Leuk Lymphoma. 2002;43:2083-2092.

165. Hamblin TJ. Immunological abnormalities in myelodysplastic syndromes. Semin Hematol. 1996;33:150-162.

166. Mufti GJ, Figes A, Hamblin TJ, Oscier DG, Copplestone JA. Immunological abnormalities in myelodysplastic syndromes. I. Serum immunoglobulins and autoantibodies. Br J Haematol. 1986;63:143-147.

167. Barrett J, Saunthararajah Y, Molldrem J. Myelodysplastic syndrome and aplastic anemia: distinct entities or diseases linked by a common pathophysiology? Semin Hematol. 2000;37:15-29.

168. Kanchan K, Loughran TP, Jr. Antigen-driven clonal T cell expansion in disorders of hematopoiesis. Leuk Res. 2003;27:291-292.

169. Saunthararajah Y, Molldrem JL, Rivera M, et al. Coincident myelodysplastic syndrome and T-cell large granular lymphocytic disease: clinical and pathophysiological features. Br J Haematol. 2001;112:195-200.

170. Zeng W, Maciejewski JP, Chen G, et al. Selective reduction of natural killer T cells in the bone marrow of aplastic anaemia. Br J Haematol. 2002;119:803-809.

171. Kiladjian JJ, Bourgeois E, Lobe I, et al. Cytolytic function and survival of natural killer cells are severely altered in myelodysplastic syndromes. Leukemia. 2006;20:463-470.

172. Molldrem JJ, Jiang YZ, Stetler-Stevenson M, Mavroudis D, Hensel N, Barrett AJ. Haematological response of patients with myelodysplastic syndrome to antithymocyte globulin is associated with a loss of lymphocyte-mediated inhibition of CFU-GM and alterations in T-cell receptor Vbeta profiles. Br J Haematol. 1998;102:1314-1322.

173. Kochenderfer JN, Kobayashi S, Wieder ED, Su C, Molldrem JJ. Loss of T-lymphocyte clonal dominance in patients with myelodysplastic syndrome responsive to immunosuppression. Blood. 2002;100:3639-3645.

174. Molldrem JJ, Lee PP, Wang C, et al. Evidence that specific T lymphocytes may participate in the elimination of chronic myelogenous leukemia. Nat Med. 2000;6:1018-1023.

175. Jonasova A, Neuwirtova R, Cermak J, et al. Cyclosporin A therapy in hypoplastic MDS patients and certain refractory anaemias without hypoplastic bone marrow. Br J Haematol. 1998;100:304-309.

176. Killick SB, Mufti G, Cavenagh JD, et al. A pilot study of antithymocyte globulin (ATG) in the treatment of patients with 'low-risk' myelodysplasia. Br J Haematol. 2003;120:679-684.

177. Molldrem JJ, Leifer E, Bahceci E, et al. Antithymocyte globulin for treatment of the bone marrow failure associated with myelodysplastic syndromes. Ann Intern Med. 2002;137:156-163.

178. Deeg HJ. Marrow stroma in MDS: culprit or bystander? Leuk Res. 2002;26:687-688.

179. Bowen D, Yancik S, Bennett L, Culligan D, Resser K. Serum stem cell factor concentration in patients with myelodysplastic syndromes. Br J Haematol. 1993;85:63-66.

180. Fontenay-Roupie M, Bouscary D, Guesnu M, et al. Ineffective erythropoiesis in myelodysplastic syndromes: correlation with Fas expression but not with lack of erythropoietin receptor signal transduction. Br J Haematol. 1999;106:464-473.

181. Maurer AB, Ganser A, Buhl R, et al. Restoration of impaired cytokine secretion from monocytes of patients with myelodysplastic syndromes after in vivo treatment with GM-CSF or IL-3. Leukemia. 1993;7:1728-1733.

182. Verhoef GE, De Schouwer P, Ceuppens JL, Van Damme J, Goossens W, Boogaerts MA. Measurement of serum cytokine levels in patients with myelodysplastic syndromes. Leukemia. 1992;6:1268-1272.

183. Mundle SD, Reza S, Ali A, et al. Correlation of tumor necrosis factor alpha (TNF alpha) with high Caspase 3-like activity in myelodysplastic syndromes. Cancer Lett. 1999;140:201-207.

184. Molnar L, Berki T, Hussain A, Nemeth P, Losonczy H. Detection of TNFalpha expression in the bone marrow and determination of TNFalpha production of peripheral blood mononuclear cells in myelodysplastic syndrome. Pathol Oncol Res. 2000;6:18-23.

185. Kitagawa M, Saito I, Kuwata T, et al. Overexpression of tumor necrosis factor (TNF)-alpha and interferon (IFN)-gamma by bone marrow cells from patients with myelodysplastic syndromes. Leukemia. 1997;11:2049-2054.

186. Koike M, Ishiyama T, Tomoyasu S, Tsuruoka N. Spontaneous cytokine overproduction by peripheral blood mononuclear cells from patients with myelodysplastic syndromes and aplastic anemia. Leuk Res. 1995;19:639-644.

187. Shinohara K, Muraki K, Ota I, Nawata R, Oeda E, Takahashi T. Increased levels of soluble tumor necrosis factor receptors in patients with aplastic anemia and myelodysplastic syndrome. Am J Hematol. 2000;65:326-327.

188. Hofmann WK, Seipelt G, Ottmann OG, et al. Effect of treatment with amifostine used as a single agent in patients with refractory anemia on clinical outcome and serum tumor necrosis factor alpha levels. Ann Hematol. 2000;79:255-258.

189. Reza S, Shetty V, Dar S, Qawi H, Raza A. Tumor necrosis factor-alpha levels decrease with anticytokine therapy in patients with myelodysplastic syndromes. J Interferon Cytokine Res. 1998;18:871-877.

190. Allampallam K, Shetty V, Hussaini S, et al. Measurement of mRNA expression for a variety of cytokines and its receptors in bone marrows of patients with myelodysplastic syndromes. Anticancer Res. 1999;19:5323-5328.

191. Kitagawa M, Takahashi M, Yamaguchi S, et al. Expression of inducible nitric oxide synthase (NOS) in bone marrow cells of myelodysplastic syndromes. Leukemia. 1999;13:699-703.

192. Peddie CM, Wolf CR, McLellan LI, Collins AR, Bowen DT. Oxidative DNA damage in CD34+ myelodysplastic cells is associated with intracellular redox changes and elevated plasma tumour necrosis factor-alpha concentration. Br J Haematol. 1997;99:625-631.

193. Alexandrakis M, Coulocheri S, Xylouri I, et al. Elevated serum TNF-alpha concentrations are predictive of shortened survival in patients with high-risk myelodysplastic syndromes. Haematologia (Budap). 1998;29:13-24.

194. Aizawa S, Hiramoto M, Hoshi H, Toyama K, Shima D, Handa H. Establishment of stromal cell line from an MDS RA patient which induced an apoptotic change in hematopoietic and leukemic cells in vitro. Exp Hematol. 2000;28:148-155.

195. Flores-Figueroa E, Gutierrez-Espindola G, Montesinos JJ, Arana-Trejo RM, Mayani H. In vitro characterization of hematopoietic microenvironment cells from patients with myelodysplastic syndrome. Leuk Res. 2002;26:677-686.

196. Deeg HJ, Jiang PY, Holmberg LA, Scott B, Petersdorf EW, Appelbaum FR. Hematologic responses of patients with MDS to antithymocyte globulin plus etanercept correlate with improved flow scores of marrow cells. Leuk Res. 2004;28:1177-1180.

197. Maciejewski J, Selleri C, Anderson S, Young NS. Fas antigen expression on CD34+ human marrow cells is induced by interferon gamma

and tumor necrosis factor alpha and potentiates cytokine-mediated hematopoietic suppression in vitro. Blood. 1995;85:3183-3190.

198. Rosenfeld C, Bedell C. Pilot study of recombinant human soluble tumor necrosis factor receptor (TNFR:Fc) in patients with low risk myelodysplastic syndrome. Leuk Res. 2002;26:721-724.

199. Alexandrakis MG, Passam FJ, Ganotakis E, et al. Bone marrow microvascular density and angiogenic growth factors in multiple myeloma. Clin Chem Lab Med. 2004;42:1122-1126.

200. Padro T, Ruiz S, Bieker R, et al. Increased angiogenesis in the bone marrow of patients with acute myeloid leukemia. Blood. 2000;95:2637-2644.

201. Lundberg LG, Hellstrom-Lindberg E, Kanter-Lewensohn L, Lerner R, Palmblad J. Angiogenesis in relation to clinical stage, apoptosis and prognostic score in myelodysplastic syndromes. Leuk Res. 2006;30:247-253.

202. Mangi MH, Newland AC. Angiogenesis and angiogenic mediators in haematological malignancies. Br J Haematol. 2000;111:43-51.

203. Talks KL, Harris AL. Current status of antiangiogenic factors. Br J Haematol. 2000;109:477-489.

204. Fox SB, Harris AL. Markers of tumor angiogenesis: clinical applications in prognosis and anti-angiogenic therapy. Invest New Drugs. 1997;15:15-28.

205. Alexandrakis MG, Passam FH, Pappa CA, et al. Relation between bone marrow angiogenesis and serum levels of angiogenin in patients with myelodysplastic syndromes. Leuk Res. 2005;29:41-46.

206. Faderl S, Kantarjian HM. Novel therapies for myelodysplastic syndromes. Cancer. 2004;101:226-241.

207. Hu Q, Dey AL, Yang Y, et al. Soluble vascular endothelial growth factor receptor 1, and not receptor 2, is an independent prognostic factor in

acute myeloid leukemia and myelodysplastic syndromes. Cancer. 2004;100:1884-1891.

208. Boultwood J, Lewis S, Wainscoat JS. The 5q-syndrome. Blood. 1994;84:3253-3260.

209. Mathew P, Tefferi A, Dewald GW, et al. The 5q- syndrome: a single-institution study of 43 consecutive patients. Blood. 1993;81:1040-1045.

210. Yoneda-Kato N, Look AT, Kirstein MN, et al. The t(3;5)(q25.1;q34) of myelodysplastic syndrome and acute myeloid leukemia produces a novel fusion gene, NPM-MLF1. Oncogene. 1996;12:265-275.

211. Borkhardt A, Bojesen S, Haas OA, et al. The human GRAF gene is fused to MLL in a unique t(5;11)(q31;q23) and both alleles are disrupted in three cases of myelodysplastic syndrome/acute myeloid leukemia with a deletion 5q. Proc Natl Acad Sci U S A. 2000;97:9168-9173.

212. Mhawech P, Saleem A. Myelodysplastic syndrome: review of the cytogenetic and molecular data. Crit Rev Oncol Hematol. 2001;40:229-238.

213. Shannon K, Nunez G, Dow LW, et al. Juvenile chronic myelogenous leukemia: surface antigen phenotyping by monoclonal antibodies and cytogenetic studies. Pediatrics. 1986;77:330-335.

214. Stephenson J, Lizhen H, Mufti GJ. Possible co-existence of RAS activation and monosomy 7 in the leukaemic transformation of myelodysplastic syndromes. Leuk Res. 1995;19:741-748.

215. Martin GA, Viskochil D, Bollag G, et al. The GAP-related domain of the neurofibromatosis type 1 gene product interacts with ras p21. Cell. 1990;63:843-849.

216. Davis MP, Dewald GW, Pierre RV, Hoagland HC. Hematologic manifestations associated with deletions of the long arm of chromosome 20. Cancer Genet Cytogenet. 1984;12:63-71.

217. Asimakopoulos FA, White NJ, Nacheva E, Green AR. Molecular analysis of chromosome 20q deletions associated with myeloproliferative disorders and myelodysplastic syndromes. Blood. 1994;84:3086-3094.

218. Roulston D, Espinosa R, 3rd, Stoffel M, Bell GI, Le Beau MM. Molecular genetics of myeloid leukemia: identification of the commonly deleted segment of chromosome 20. Blood. 1993;82:3424-3429.

219. Lai JL, Preudhomme C, Zandecki M, et al. Myelodysplastic syndromes and acute myeloid leukemia with 17p deletion. An entity characterized by specific dysgranulopoiesis and a high incidence of P53 mutations. Leukemia. 1995;9:370-381.

220. Iwabuchi A, Ohyashiki K, Ohyashiki JH, et al. Trisomy of chromosome 8 in myelodysplastic syndrome. Significance of the fluctuating trisomy 8 population. Cancer Genet Cytogenet. 1992;62:70-74.

221. Matsuda A, Yagasaki F, Jinnai I, et al. Trisomy 8 may not be related to the pathogenesis of myelodysplastic syndromes: disappearance of trisomy 8 in a patient with refractory anaemia without haematological improvement. Eur J Haematol. 1998;60:260-261.

222. Golub TR, Barker GF, Lovett M, Gilliland DG. Fusion of PDGF receptor beta to a novel ets-like gene, tel, in chronic myelomonocytic leukemia with t(5;12) chromosomal translocation. Cell. 1994;77:307-316.

223. Srivastava A, Boswell HS, Heerema NA, et al. KRAS2 oncogene overexpression in myelodysplastic syndrome with translocation 5;12. Cancer Genet Cytogenet. 1988;35:61-71.

224. Apperley JF, Gardembas M, Melo JV, et al. Response to imatinib mesylate in patients with chronic myeloproliferative diseases with rearrangements of the platelet-derived growth factor receptor beta. N Engl J Med. 2002;347:481-487.

225. Carroll M, Tomasson MH, Barker GF, Golub TR, Gilliland DG. The TEL/platelet-derived growth factor beta receptor (PDGF beta R) fusion in

chronic myelomonocytic leukemia is a transforming protein that self-associates and activates PDGF beta R kinase-dependent signaling pathways. Proc Natl Acad Sci U S A. 1996;93:14845-14850.

226. Radu A, Moore MS, Blobel G. The peptide repeat domain of nucleoporin Nup98 functions as a docking site in transport across the nuclear pore complex. Cell. 1995;81:215-222.

227. Kraemer D, Wozniak RW, Blobel G, Radu A. The human CAN protein, a putative oncogene product associated with myeloid leukemogenesis, is a nuclear pore complex protein that faces the cytoplasm. Proc Natl Acad Sci U S A. 1994;91:1519-1523.

228. Mitani K, Kanda Y, Ogawa S, et al. Cloning of several species of MLL/MEN chimeric cDNAs in myeloid leukemia with t(11;19)(q23;p13.1) translocation. Blood. 1995;85:2017-2024.

229. Taki T, Sako M, Tsuchida M, Hayashi Y. The t(11;16)(q23;p13) translocation in myelodysplastic syndrome fuses the MLL gene to the CBP gene. Blood. 1997;89:3945-3950.

230. Caligiuri MA, Strout MP, Schichman SA, et al. Partial tandem duplication of ALL1 as a recurrent molecular defect in acute myeloid leukemia with trisomy 11. Cancer Res. 1996;56:1418-1425.

231. Hirai H. Molecular mechanisms of myelodysplastic syndrome. Jpn J Clin Oncol. 2003;33:153-160.

232. Chakraborty S, Senyuk V, Sitailo S, Chi Y, Nucifora G. Interaction of EVI1 with cAMP-responsive element-binding protein-binding protein (CBP) and p300/CBP-associated factor (P/CAF) results in reversible acetylation of EVI1 and in co-localization in nuclear speckles. J Biol Chem. 2001;276:44936-44943.

233. Buonamici S, Li D, Chi Y, et al. EVI1 induces myelodysplastic syndrome in mice. J Clin Invest. 2004;114:713-719.

234. Fenaux P. Chromosome and molecular abnormalities in myelodysplastic syndromes. Int J Hematol. 2001;73:429-437.

235. Jonveaux P, Fenaux P, Quiquandon I, et al. Mutations in the p53 gene in myelodysplastic syndromes. Oncogene. 1991;6:2243-2247.

236. Christiansen DH, Andersen MK, Pedersen-Bjergaard J. Mutations with loss of heterozygosity of p53 are common in therapy-related myelodysplasia and acute myeloid leukemia after exposure to alkylating agents and significantly associated with deletion or loss of 5q, a complex karyotype, and a poor prognosis. J Clin Oncol. 2001;19:1405-1413.

237. Shih LY, Huang CF, Wang PN, et al. Acquisition of FLT3 or N-ras mutations is frequently associated with progression of myelodysplastic syndrome to acute myeloid leukemia. Leukemia. 2004;18:466-475.

238. Shih LY, Lin TL, Wang PN, et al. Internal tandem duplication of fms-like tyrosine kinase 3 is associated with poor outcome in patients with myelodysplastic syndrome. Cancer. 2004;101:989-998.

239. Yokota S, Kiyoi H, Nakao M, et al. Internal tandem duplication of the FLT3 gene is preferentially seen in acute myeloid leukemia and myelodysplastic syndrome among various hematological malignancies. A study on a large series of patients and cell lines. Leukemia. 1997;11:1605-1609.

240. Horiike S, Yokota S, Nakao M, et al. Tandem duplications of the FLT3 receptor gene are associated with leukemic transformation of myelodysplasia. Leukemia. 1997;11:1442-1446.

241. Yamamoto Y, Kiyoi H, Nakano Y, et al. Activating mutation of D835 within the activation loop of FLT3 in human hematologic malignancies. Blood. 2001;97:2434-2439.

242. Christiansen DH, Andersen MK, Pedersen-Bjergaard J. Mutations of AML1 are common in therapy-related myelodysplasia following therapy with alkylating agents and are significantly associated with deletion or loss

of chromosome arm 7q and with subsequent leukemic transformation. Blood. 2004;104:1474-1481.

243. Harada H, Harada Y, Tanaka H, Kimura A, Inaba T. Implications of somatic mutations in the AML1 gene in radiation-associated and therapy-related myelodysplastic syndrome/acute myeloid leukemia. Blood. 2003;101:673-680.

244. Mitani K, Ogawa S, Tanaka T, et al. Generation of the AML1-EVI-1 fusion gene in the t(3;21)(q26;q22) causes blastic crisis in chronic myelocytic leukemia. Embo J. 1994;13:504-510.

245. Tasaka T, Nagai M, Sasaki K, et al. Translocation (3;21) (q26.2;q22.1) found in a patient with myelodysplastic syndrome and long-term exposure to organic solvents. Br J Haematol. 1992;82:473-475.

246. Pellagatti A, Esoof N, Watkins F, et al. Gene expression profiling in the myelodysplastic syndromes using cDNA microarray technology. Br J Haematol. 2004;125:576-583.

247. Sen R, Baltimore D. Inducibility of kappa immunoglobulin enhancer-binding protein Nf-kappa B by a posttranslational mechanism. Cell. 1986;47:921-928.

248. Baeuerle PA. IkappaB-NF-kappaB structures: at the interface of inflammation control. Cell. 1998;95:729-731.

249. Baeuerle PA, Baltimore D. Activation of DNA-binding activity in an apparently cytoplasmic precursor of the NF-kappa B transcription factor. Cell. 1988;53:211-217.

250. Gilmore TD. NF-kappa B, KBF1, dorsal, and related matters. Cell. 1990;62:841-843.

251. Solan NJ, Miyoshi H, Carmona EM, Bren GD, Paya CV. RelB cellular regulation and transcriptional activity are regulated by p100. J Biol Chem. 2002;277:1405-1418.

252. Gerondakis S, Grossmann M, Nakamura Y, Pohl T, Grumont R. Genetic approaches in mice to understand Rel/NF-kappaB and IkappaB function: transgenics and knockouts. Oncogene. 1999;18:6888-6895.

253. Hoffmann A, Leung TH, Baltimore D. Genetic analysis of NF-kappaB/Rel transcription factors defines functional specificities. Embo J. 2003;22:5530-5539.

254. Brown AM, Linhoff MW, Stein B, et al. Function of NF-kappa B/Rel binding sites in the major histocompatibility complex class II invariant chain promoter is dependent on cell-specific binding of different NF-kappa B/Rel subunits. Mol Cell Biol. 1994;14:2926-2935.

255. Hansen SK, Baeuerle PA, Blasi F. Purification, reconstitution, and I kappa B association of the c-Rel-p65 (RelA) complex, a strong activator of transcription. Mol Cell Biol. 1994;14:2593-2603.

256. Hansen SK, Guerrini L, Blasi F. Differential DNA sequence specificity and regulation of HIV-1 enhancer activity by cRel-RelA transcription factor. J Biol Chem. 1994;269:22230-22237.

257. Kang SM, Tran AC, Grilli M, Lenardo MJ. NF-kappa B subunit regulation in nontransformed CD4+ T lymphocytes. Science. 1992;256:1452-1456.

258. Plaksin D, Baeuerle PA, Eisenbach L. KBF1 (p50 NF-kappa B homodimer) acts as a repressor of H-2Kb gene expression in metastatic tumor cells. J Exp Med. 1993;177:1651-1662.

259. Ghosh S, May MJ, Kopp EB. NF-kappa B and Rel proteins: evolutionarily conserved mediators of immune responses. Annu Rev Immunol. 1998;16:225-260.

260. Sun S, Elwood J, Greene WC. Both amino- and carboxyl-terminal sequences within I kappa B alpha regulate its inducible degradation. Mol Cell Biol. 1996;16:1058-1065.

261. Karin M, Ben-Neriah Y. Phosphorylation meets ubiquitination: the control of NF-[kappa]B activity. Annu Rev Immunol. 2000;18:621-663.

262. Hayden MS, Ghosh S. Signaling to NF-kappaB. Genes Dev. 2004;18:2195-2224.

263. Miller BS, Zandi E. Complete reconstitution of human IkappaB kinase (IKK) complex in yeast. Assessment of its stoichiometry and the role of IKKgamma on the complex activity in the absence of stimulation. J Biol Chem. 2001;276:36320-36326.

264. Agou F, Traincard F, Vinolo E, et al. The trimerization domain of NEMO is composed of the interacting C-terminal CC2 and LZ coiled-coil subdomains. J Biol Chem. 2004;279:27861-27869.

265. Agou F, Ye F, Goffinont S, et al. NEMO trimerizes through its coiled-coil C-terminal domain. J Biol Chem. 2002;277:17464-17475.

266. Tegethoff S, Behlke J, Scheidereit C. Tetrameric oligomerization of IkappaB kinase gamma (IKKgamma) is obligatory for IKK complex activity and NF-kappaB activation. Mol Cell Biol. 2003;23:2029-2041.

267. Senftleben U, Cao Y, Xiao G, et al. Activation by IKKalpha of a second, evolutionary conserved, NF-kappa B signaling pathway. Science. 2001;293:1495-1499.

268. Tanaka M, Fuentes ME, Yamaguchi K, et al. Embryonic lethality, liver degeneration, and impaired NF-kappa B activation in IKK-beta-deficient mice. Immunity. 1999;10:421-429.

269. Li ZW, Chu W, Hu Y, et al. The IKKbeta subunit of IkappaB kinase (IKK) is essential for nuclear factor kappaB activation and prevention of apoptosis. J Exp Med. 1999;189:1839-1845.

270. Algarte M, Nguyen H, Heylbroeck C, Lin R, Hiscott J. IkappaB-mediated inhibition of virus-induced beta interferon transcription. J Virol. 1999;73:2694-2702.

271. Delhase M, Hayakawa M, Chen Y, Karin M. Positive and negative regulation of IkappaB kinase activity through IKKbeta subunit phosphorylation. Science. 1999;284:309-313.

272. Mercurio F, Zhu H, Murray BW, et al. IKK-1 and IKK-2: cytokine-activated IkappaB kinases essential for NF-kappaB activation. Science. 1997;278:860-866.

273. Yamaoka S, Courtois G, Bessia C, et al. Complementation cloning of NEMO, a component of the IkappaB kinase complex essential for NF-kappaB activation. Cell. 1998;93:1231-1240.

274. Mercurio F, Murray BW, Shevchenko A, et al. IkappaB kinase (IKK)-associated protein 1, a common component of the heterogeneous IKK complex. Mol Cell Biol. 1999;19:1526-1538.

275. Li Y, Kang J, Friedman J, et al. Identification of a cell protein (FIP-3) as a modulator of NF-kappaB activity and as a target of an adenovirus inhibitor of tumor necrosis factor alpha-induced apoptosis. Proc Natl Acad Sci U S A. 1999;96:1042-1047.

276. Rothwarf DM, Zandi E, Natoli G, Karin M. IKK-gamma is an essential regulatory subunit of the IkappaB kinase complex. Nature. 1998;395:297-300.

277. May MJ, D'Acquisto F, Madge LA, Glockner J, Pober JS, Ghosh S. Selective inhibition of NF-kappaB activation by a peptide that blocks the interaction of NEMO with the IkappaB kinase complex. Science. 2000;289:1550-1554.

278. May MJ, Marienfeld RB, Ghosh S. Characterization of the Ikappa B-kinase NEMO binding domain. J Biol Chem. 2002;277:45992-46000.

279. Filipe-Santos O, Bustamante J, Haverkamp MH, et al. X-linked susceptibility to mycobacteria is caused by mutations in NEMO impairing CD40-dependent IL-12 production. J Exp Med. 2006;203:1745-1759.

280. Poyet JL, Srinivasula SM, Lin JH, et al. Activation of the Ikappa B kinases by RIP via IKKgamma /NEMO-mediated oligomerization. J Biol Chem. 2000;275:37966-37977.

281. Zandi E, Rothwarf DM, Delhase M, Hayakawa M, Karin M. The IkappaB kinase complex (IKK) contains two kinase subunits, IKKalpha and IKKbeta, necessary for IkappaB phosphorylation and NF-kappaB activation. Cell. 1997;91:243-252.

282. Sun L, Deng L, Ea CK, Xia ZP, Chen ZJ. The TRAF6 ubiquitin ligase and TAK1 kinase mediate IKK activation by BCL10 and MALT1 in T lymphocytes. Mol Cell. 2004;14:289-301.

283. Zhou H, Wertz I, O'Rourke K, et al. Bcl10 activates the NF-kappaB pathway through ubiquitination of NEMO. Nature. 2004;427:167-171.

284. Tang ED, Wang CY, Xiong Y, Guan KL. A role for NF-kappaB essential modifier/IkappaB kinase-gamma (NEMO/IKKgamma) ubiquitination in the activation of the IkappaB kinase complex by tumor necrosis factor-alpha. J Biol Chem. 2003;278:37297-37305.

285. Shambharkar PB, Blonska M, Pappu BP, et al. Phosphorylation and ubiquitination of the IkappaB kinase complex by two distinct signaling pathways. Embo J. 2007;26:1794-1805.

286. Makris C, Roberts JL, Karin M. The carboxyl-terminal region of IkappaB kinase gamma (IKKgamma) is required for full IKK activation. Mol Cell Biol. 2002;22:6573-6581.

287. Deng L, Wang C, Spencer E, et al. Activation of the IkappaB kinase complex by TRAF6 requires a dimeric ubiquitin-conjugating enzyme complex and a unique polyubiquitin chain. Cell. 2000;103:351-361.

288. Yang J, Lin Y, Guo Z, et al. The essential role of MEKK3 in TNF-induced NF-kappaB activation. Nat Immunol. 2001;2:620-624.

289. Chen G, Goeddel DV. TNF-R1 signaling: a beautiful pathway. Science. 2002;296:1634-1635.

290. Makris C, Godfrey VL, Krahn-Senftleben G, et al. Female mice heterozygous for IKK gamma/NEMO deficiencies develop a dermatopathy similar to the human X-linked disorder incontinentia pigmenti. Mol Cell. 2000;5:969-979.

291. Brown K, Gerstberger S, Carlson L, Franzoso G, Siebenlist U. Control of I kappa B-alpha proteolysis by site-specific, signal-induced phosphorylation. Science. 1995;267:1485-1488.

292. Pahl HL. Activators and target genes of Rel/NF-kappaB transcription factors. Oncogene. 1999;18:6853-6866.

293. Scherer DC, Brockman JA, Chen Z, Maniatis T, Ballard DW. Signal-induced degradation of I kappa B alpha requires site-specific ubiquitination. Proc Natl Acad Sci U S A. 1995;92:11259-11263.

294. Bonizzi G, Karin M. The two NF-kappaB activation pathways and their role in innate and adaptive immunity. Trends Immunol. 2004;25:280-288.

295. Perkins ND. Oncogenes, tumor suppressors and p52 NF-kappaB. Oncogene. 2003;22:7553-7556.

296. Dempsey PW, Doyle SE, He JQ, Cheng G. The signaling adaptors and pathways activated by TNF superfamily. Cytokine Growth Factor Rev. 2003;14:193-209.

297. Dejardin E, Droin NM, Delhase M, et al. The lymphotoxin-beta receptor induces different patterns of gene expression via two NF-kappaB pathways. Immunity. 2002;17:525-535.

298. Claudio E, Brown K, Park S, Wang H, Siebenlist U. BAFF-induced NEMO-independent processing of NF-kappa B2 in maturing B cells. Nat Immunol. 2002;3:958-965.

299. Coope HJ, Atkinson PG, Huhse B, et al. CD40 regulates the processing of NF-kappaB2 p100 to p52. Embo J. 2002;21:5375-5385.

300. Janssens S, Tschopp J. Signals from within: the DNA-damage-induced NF-kappaB response. Cell Death Differ. 2006;13:773-784.

301. Perkins ND, Gilmore TD. Good cop, bad cop: the different faces of NF-kappaB. Cell Death Differ. 2006;13:759-772.

302. Luo JL, Kamata H, Karin M. IKK/NF-kappaB signaling: balancing life and death--a new approach to cancer therapy. J Clin Invest. 2005;115:2625-2632.

303. Kucharczak J, Simmons MJ, Fan Y, Gelinas C. To be, or not to be: NF-kappaB is the answer--role of Rel/NF-kappaB in the regulation of apoptosis. Oncogene. 2003;22:8961-8982.

304. Beinke S, Robinson MJ, Hugunin M, Ley SC. Lipopolysaccharide activation of the TPL-2/MEK/extracellular signal-regulated kinase mitogen-activated protein kinase cascade is regulated by IkappaB kinase-induced proteolysis of NF-kappaB1 p105. Mol Cell Biol. 2004;24:9658-9667.

305. Waterfield M, Jin W, Reiley W, Zhang M, Sun SC. IkappaB kinase is an essential component of the Tpl2 signaling pathway. Mol Cell Biol. 2004;24:6040-6048.

306. Hu MC, Lee DF, Xia W, et al. IkappaB kinase promotes tumorigenesis through inhibition of forkhead FOXO3a. Cell. 2004;117:225-237.

307. Lee S, Andrieu C, Saltel F, et al. IkappaB kinase beta phosphorylates Dok1 serines in response to TNF, IL-1, or gamma radiation. Proc Natl Acad Sci U S A. 2004;101:17416-17421.

308. Gringhuis SI, Garcia-Vallejo JJ, van Het Hof B, van Dijk W. Convergent actions of I kappa B kinase beta and protein kinase C delta modulate mRNA stability through phosphorylation of 14-3-3 beta complexed with tristetraprolin. Mol Cell Biol. 2005;25:6454-6463.

309. Gao Z, Hwang D, Bataille F, et al. Serine phosphorylation of insulin receptor substrate 1 by inhibitor kappa B kinase complex. J Biol Chem. 2002;277:48115-48121.

310. He J, Usui I, Ishizuka K, et al. Interleukin-1alpha inhibits insulin signaling with phosphorylating insulin receptor substrate-1 on serine residues in 3T3-L1 adipocytes. Mol Endocrinol. 2006;20:114-124.

311. Nakamori Y, Emoto M, Fukuda N, et al. Myosin motor Myo1c and its receptor NEMO/IKK-gamma promote TNF-alpha-induced serine307 phosphorylation of IRS-1. J Cell Biol. 2006;173:665-671.

312. Wegener E, Oeckinghaus A, Papadopoulou N, et al. Essential role for IkappaB kinase beta in remodeling Carma1-Bcl10-Malt1 complexes upon T cell activation. Mol Cell. 2006;23:13-23.

313. Anest V, Hanson JL, Cogswell PC, Steinbrecher KA, Strahl BD, Baldwin AS. A nucleosomal function for IkappaB kinase-alpha in NF-kappaB-dependent gene expression. Nature. 2003;423:659-663.

314. Yamamoto Y, Verma UN, Prajapati S, Kwak YT, Gaynor RB. Histone H3 phosphorylation by IKK-alpha is critical for cytokine-induced gene expression. Nature. 2003;423:655-659.

315. Wu RC, Qin J, Hashimoto Y, et al. Regulation of SRC-3 (pCIP/ACTR/AIB-1/RAC-3/TRAM-1) Coactivator activity by I kappa B kinase. Mol Cell Biol. 2002;22:3549-3561.

316. Park KJ, Krishnan V, O'Malley BW, Yamamoto Y, Gaynor RB. Formation of an IKKalpha-dependent transcription complex is required for estrogen receptor-mediated gene activation. Mol Cell. 2005;18:71-82.

317. Albanese C, Wu K, D'Amico M, et al. IKKalpha regulates mitogenic signaling through transcriptional induction of cyclin D1 via Tcf. Mol Biol Cell. 2003;14:585-599.

318.  Carayol N, Wang CY. IKKalpha stabilizes cytosolic beta-catenin by inhibiting both canonical and non-canonical degradation pathways. Cell Signal. 2006;18:1941-1946.

319.  Lamberti C, Lin KM, Yamamoto Y, et al. Regulation of beta-catenin function by the IkappaB kinases. J Biol Chem. 2001;276:42276-42286.

320.  Kwak YT, Li R, Becerra CR, Tripathy D, Frenkel EP, Verma UN. IkappaB kinase alpha regulates subcellular distribution and turnover of cyclin D1 by phosphorylation. J Biol Chem. 2005;280:33945-33952.

321.  Westerheide SD, Mayo MW, Anest V, Hanson JL, Baldwin AS, Jr. The putative oncoprotein Bcl-3 induces cyclin D1 to stimulate G(1) transition. Mol Cell Biol. 2001;21:8428-8436.

322.  Rocha S, Martin AM, Meek DW, Perkins ND. p53 represses cyclin D1 transcription through down regulation of Bcl-3 and inducing increased association of the p52 NF-kappaB subunit with histone deacetylase 1. Mol Cell Biol. 2003;23:4713-4727.

323.  Hoberg JE, Yeung F, Mayo MW. SMRT derepression by the IkappaB kinase alpha: a prerequisite to NF-kappaB transcription and survival. Mol Cell. 2004;16:245-255.

324.  Hoshino K, Sugiyama T, Matsumoto M, et al. IkappaB kinase-alpha is critical for interferon-alpha production induced by Toll-like receptors 7 and 9. Nature. 2006;440:949-953.

325.  Hu Y, Baud V, Oga T, Kim KI, Yoshida K, Karin M. IKKalpha controls formation of the epidermis independently of NF-kappaB. Nature. 2001;410:710-714.

326.  Ohazama A, Hu Y, Schmidt-Ullrich R, et al. A dual role for Ikk alpha in tooth development. Dev Cell. 2004;6:219-227.

327.  Wu ZH, Shi Y, Tibbetts RS, Miyamoto S. Molecular linkage between the kinase ATM and NF-kappaB signaling in response to genotoxic stimuli. Science. 2006;311:1141-1146.

328. Verma UN, Yamamoto Y, Prajapati S, Gaynor RB. Nuclear role of I kappa B Kinase-gamma/NF-kappa B essential modulator (IKK gamma/NEMO) in NF-kappa B-dependent gene expression. J Biol Chem. 2004;279:3509-3515.

329. Bracken CP, Whitelaw ML, Peet DJ. Activity of hypoxia-inducible factor 2alpha is regulated by association with the NF-kappaB essential modulator. J Biol Chem. 2005;280:14240-14251.

330. Bouwmeester T, Bauch A, Ruffner H, et al. A physical and functional map of the human TNF-alpha/NF-kappa B signal transduction pathway. Nat Cell Biol. 2004;6:97-105.

331. Li J, Joo SH, Tsai MD. An NF-kappaB-specific inhibitor, IkappaBalpha, binds to and inhibits cyclin-dependent kinase 4. Biochemistry. 2003;42:13476-13483.

332. Chang NS. The non-ankyrin C terminus of Ikappa Balpha physically interacts with p53 in vivo and dissociates in response to apoptotic stress, hypoxia, DNA damage, and transforming growth factor-beta 1-mediated growth suppression. J Biol Chem. 2002;277:10323-10331.

333. Zhou M, Gu L, Zhu N, Woods WG, Findley HW. Transfection of a dominant-negative mutant NF-kB inhibitor (IkBm) represses p53-dependent apoptosis in acute lymphoblastic leukemia cells: interaction of IkBm and p53. Oncogene. 2003;22:8137-8144.

334. Dreyfus DH, Nagasawa M, Gelfand EW, Ghoda LY. Modulation of p53 activity by IkappaBalpha: evidence suggesting a common phylogeny between NF-kappaB and p53 transcription factors. BMC Immunol. 2005;6:12.

335. Wu BY, Woffendin C, MacLachlan I, Nabel GJ. Distinct domains of IkappaB-alpha inhibit human immunodeficiency virus type 1 replication through NF-kappaB and Rev. J Virol. 1997;71:3161-3167.

336. Pasparakis M, Luedde T, Schmidt-Supprian M. Dissection of the NF-kappaB signalling cascade in transgenic and knockout mice. Cell Death Differ. 2006;13:861-872.

337. Hanahan D, Weinberg RA. The hallmarks of cancer. Cell. 2000;100:57-70.

338. Beg AA, Baltimore D. An essential role for NF-kappaB in preventing TNF-alpha-induced cell death. Science. 1996;274:782-784.

339. Liu ZG, Hsu H, Goeddel DV, Karin M. Dissection of TNF receptor 1 effector functions: JNK activation is not linked to apoptosis while NF-kappaB activation prevents cell death. Cell. 1996;87:565-576.

340. Van Antwerp DJ, Martin SJ, Kafri T, Green DR, Verma IM. Suppression of TNF-alpha-induced apoptosis by NF-kappaB. Science. 1996;274:787-789.

341. Liston P, Roy N, Tamai K, et al. Suppression of apoptosis in mammalian cells by NAIP and a related family of IAP genes. Nature. 1996;379:349-353.

342. Chu ZL, McKinsey TA, Liu L, Gentry JJ, Malim MH, Ballard DW. Suppression of tumor necrosis factor-induced cell death by inhibitor of apoptosis c-IAP2 is under NF-kappaB control. Proc Natl Acad Sci U S A. 1997;94:10057-10062.

343. You M, Ku PT, Hrdlickova R, Bose HR, Jr. ch-IAP1, a member of the inhibitor-of-apoptosis protein family, is a mediator of the antiapoptotic activity of the v-Rel oncoprotein. Mol Cell Biol. 1997;17:7328-7341.

344. Deveraux QL, Reed JC. IAP family proteins--suppressors of apoptosis. Genes Dev. 1999;13:239-252.

345. Stehlik C, de Martin R, Kumabashiri I, Schmid JA, Binder BR, Lipp J. Nuclear factor (NF)-kappaB-regulated X-chromosome-linked iap gene expression protects endothelial cells from tumor necrosis factor alpha-induced apoptosis. J Exp Med. 1998;188:211-216.

346. Takahashi R, Deveraux Q, Tamm I, et al. A single BIR domain of XIAP sufficient for inhibiting caspases. J Biol Chem. 1998;273:7787-7790.

347. Wang CY, Mayo MW, Korneluk RG, Goeddel DV, Baldwin AS, Jr. NF-kappaB antiapoptosis: induction of TRAF1 and TRAF2 and c-IAP1 and c-IAP2 to suppress caspase-8 activation. Science. 1998;281:1680-1683.

348. Tang G, Minemoto Y, Dibling B, et al. Inhibition of JNK activation through NF-kappaB target genes. Nature. 2001;414:313-317.

349. Wilkinson JC, Wilkinson AS, Scott FL, Csomos RA, Salvesen GS, Duckett CS. Neutralization of Smac/Diablo by inhibitors of apoptosis (IAPs). A caspase-independent mechanism for apoptotic inhibition. J Biol Chem. 2004;279:51082-51090.

350. Kawakami H, Tomita M, Matsuda T, et al. Transcriptional activation of survivin through the NF-kappaB pathway by human T-cell leukemia virus type I tax. Int J Cancer. 2005;115:967-974.

351. Shishodia S, Sethi G, Konopleva M, Andreeff M, Aggarwal BB. A synthetic triterpenoid, CDDO-Me, inhibits IkappaBalpha kinase and enhances apoptosis induced by TNF and chemotherapeutic agents through down-regulation of expression of nuclear factor kappaB-regulated gene products in human leukemic cells. Clin Cancer Res. 2006;12:1828-1838.

352. Grumont RJ, Rourke IJ, Gerondakis S. Rel-dependent induction of A1 transcription is required to protect B cells from antigen receptor ligation-induced apoptosis. Genes Dev. 1999;13:400-411.

353. Lee HH, Dadgostar H, Cheng Q, Shu J, Cheng G. NF-kappaB-mediated up-regulation of Bcl-x and Bfl-1/A1 is required for CD40 survival signaling in B lymphocytes. Proc Natl Acad Sci U S A. 1999;96:9136-9141.

354. Lee RM, Gillet G, Burnside J, Thomas SJ, Neiman P. Role of Nr13 in regulation of programmed cell death in the bursa of Fabricius. Genes Dev. 1999;13:718-728.

355. Tamatani M, Che YH, Matsuzaki H, et al. Tumor necrosis factor induces Bcl-2 and Bcl-x expression through NFkappaB activation in primary hippocampal neurons. J Biol Chem. 1999;274:8531-8538.

356. Wang CY, Guttridge DC, Mayo MW, Baldwin AS, Jr. NF-kappaB induces expression of the Bcl-2 homologue A1/Bfl-1 to preferentially suppress chemotherapy-induced apoptosis. Mol Cell Biol. 1999;19:5923-5929.

357. Zong WX, Edelstein LC, Chen C, Bash J, Gelinas C. The prosurvival Bcl-2 homolog Bfl-1/A1 is a direct transcriptional target of NF-kappaB that blocks TNFalpha-induced apoptosis. Genes Dev. 1999;13:382-387.

358. Chen C, Edelstein LC, Gelinas C. The Rel/NF-kappaB family directly activates expression of the apoptosis inhibitor Bcl-x(L). Mol Cell Biol. 2000;20:2687-2695.

359. Grossmann M, O'Reilly LA, Gugasyan R, Strasser A, Adams JM, Gerondakis S. The anti-apoptotic activities of Rel and RelA required during B-cell maturation involve the regulation of Bcl-2 expression. Embo J. 2000;19:6351-6360.

360. Catz SD, Johnson JL. Transcriptional regulation of bcl-2 by nuclear factor kappa B and its significance in prostate cancer. Oncogene. 2001;20:7342-7351.

361. Krikos A, Laherty CD, Dixit VM. Transcriptional activation of the tumor necrosis factor alpha-inducible zinc finger protein, A20, is mediated by kappa B elements. J Biol Chem. 1992;267:17971-17976.

362. Malewicz M, Zeller N, Yilmaz ZB, Weih F. NF kappa B controls the balance between Fas and tumor necrosis factor cell death pathways during

T cell receptor-induced apoptosis via the expression of its target gene A20. J Biol Chem. 2003;278:32825-32833.

363. Wertz IE, O'Rourke KM, Zhou H, et al. De-ubiquitination and ubiquitin ligase domains of A20 downregulate NF-kappaB signalling. Nature. 2004;430:694-699.

364. Kreuz S, Siegmund D, Scheurich P, Wajant H. NF-kappaB inducers upregulate cFLIP, a cycloheximide-sensitive inhibitor of death receptor signaling. Mol Cell Biol. 2001;21:3964-3973.

365. Micheau O, Lens S, Gaide O, Alevizopoulos K, Tschopp J. NF-kappaB signals induce the expression of c-FLIP. Mol Cell Biol. 2001;21:5299-5305.

366. Su H, Bidere N, Zheng L, et al. Requirement for caspase-8 in NF-kappaB activation by antigen receptor. Science. 2005;307:1465-1468.

367. Chen F, Castranova V, Li Z, Karin M, Shi X. Inhibitor of nuclear factor kappaB kinase deficiency enhances oxidative stress and prolongs c-Jun NH2-terminal kinase activation induced by arsenic. Cancer Res. 2003;63:7689-7693.

368. Chen X, Kandasamy K, Srivastava RK. Differential roles of RelA (p65) and c-Rel subunits of nuclear factor kappa B in tumor necrosis factor-related apoptosis-inducing ligand signaling. Cancer Res. 2003;63:1059-1066.

369. Collart MA, Baeuerle P, Vassalli P. Regulation of tumor necrosis factor alpha transcription in macrophages: involvement of four kappa B-like motifs and of constitutive and inducible forms of NF-kappa B. Mol Cell Biol. 1990;10:1498-1506.

370. Shakhov AN, Collart MA, Vassalli P, Nedospasov SA, Jongeneel CV. Kappa B-type enhancers are involved in lipopolysaccharide-mediated transcriptional activation of the tumor necrosis factor alpha gene in primary macrophages. J Exp Med. 1990;171:35-47.

371. Kasibhatla S, Brunner T, Genestier L, Echeverri F, Mahboubi A, Green DR. DNA damaging agents induce expression of Fas ligand and subsequent apoptosis in T lymphocytes via the activation of NF-kappa B and AP-1. Mol Cell. 1998;1:543-551.

372. Matsui K, Fine A, Zhu B, Marshak-Rothstein A, Ju ST. Identification of two NF-kappa B sites in mouse CD95 ligand (Fas ligand) promoter: functional analysis in T cell hybridoma. J Immunol. 1998;161:3469-3473.

373. Chan H, Bartos DP, Owen-Schaub LB. Activation-dependent transcriptional regulation of the human Fas promoter requires NF-kappaB p50-p65 recruitment. Mol Cell Biol. 1999;19:2098-2108.

374. Kasibhatla S, Genestier L, Green DR. Regulation of fas-ligand expression during activation-induced cell death in T lymphocytes via nuclear factor kappaB. J Biol Chem. 1999;274:987-992.

375. Baetu TM, Kwon H, Sharma S, Grandvaux N, Hiscott J. Disruption of NF-kappaB signaling reveals a novel role for NF-kappaB in the regulation of TNF-related apoptosis-inducing ligand expression. J Immunol. 2001;167:3164-3173.

376. Rivera-Walsh I, Waterfield M, Xiao G, Fong A, Sun SC. NF-kappaB signaling pathway governs TRAIL gene expression and human T-cell leukemia virus-I Tax-induced T-cell death. J Biol Chem. 2001;276:40385-40388.

377. Siegmund D, Hausser A, Peters N, Scheurich P, Wajant H. Tumor necrosis factor (TNF) and phorbol ester induce TNF-related apoptosis-inducing ligand (TRAIL) under critical involvement of NF-kappa B essential modulator (NEMO)/IKKgamma. J Biol Chem. 2001;276:43708-43712.

378. Kasof GM, Lu JJ, Liu D, et al. Tumor necrosis factor-alpha induces the expression of DR6, a member of the TNF receptor family, through activation of NF-kappaB. Oncogene. 2001;20:7965-7975.

379. Ravi R, Bedi GC, Engstrom LW, et al. Regulation of death receptor expression and TRAIL/Apo2L-induced apoptosis by NF-kappaB. Nat Cell Biol. 2001;3:409-416.

380. Grimm T, Schneider S, Naschberger E, et al. EBV latent membrane protein-1 protects B cells from apoptosis by inhibition of BAX. Blood. 2005;105:3263-3269.

381. Campbell KJ, Rocha S, Perkins ND. Active repression of antiapoptotic gene expression by RelA(p65) NF-kappa B. Mol Cell. 2004;13:853-865.

382. Jacque E, Tchenio T, Piton G, Romeo PH, Baud V. RelA repression of RelB activity induces selective gene activation downstream of TNF receptors. Proc Natl Acad Sci U S A. 2005;102:14635-14640.

383. Guttridge DC, Albanese C, Reuther JY, Pestell RG, Baldwin AS, Jr. NF-kappaB controls cell growth and differentiation through transcriptional regulation of cyclin D1. Mol Cell Biol. 1999;19:5785-5799.

384. Hinz M, Krappmann D, Eichten A, Heder A, Scheidereit C, Strauss M. NF-kappaB function in growth control: regulation of cyclin D1 expression and G0/G1-to-S-phase transition. Mol Cell Biol. 1999;19:2690-2698.

385. Koch AE, Polverini PJ, Kunkel SL, et al. Interleukin-8 as a macrophage-derived mediator of angiogenesis. Science. 1992;258:1798-1801.

386. Huang S, Robinson JB, Deguzman A, Bucana CD, Fidler IJ. Blockade of nuclear factor-kappaB signaling inhibits angiogenesis and tumorigenicity of human ovarian cancer cells by suppressing expression of

vascular endothelial growth factor and interleukin 8. Cancer Res. 2000;60:5334-5339.

387. Chilov D, Kukk E, Taira S, et al. Genomic organization of human and mouse genes for vascular endothelial growth factor C. J Biol Chem. 1997;272:25176-25183.

388. Takeshita H, Yoshizaki T, Miller WE, et al. Matrix metalloproteinase 9 expression is induced by Epstein-Barr virus latent membrane protein 1 C-terminal activation regions 1 and 2. J Virol. 1999;73:5548-5555.

389. Wang W, Abbruzzese JL, Evans DB, Chiao PJ. Overexpression of urokinase-type plasminogen activator in pancreatic adenocarcinoma is regulated by constitutively activated RelA. Oncogene. 1999;18:4554-4563.

390. Bond M, Fabunmi RP, Baker AH, Newby AC. Synergistic upregulation of metalloproteinase-9 by growth factors and inflammatory cytokines: an absolute requirement for transcription factor NF-kappa B. FEBS Lett. 1998;435:29-34.

391. Farina AR, Tacconelli A, Vacca A, Maroder M, Gulino A, Mackay AR. Transcriptional up-regulation of matrix metalloproteinase-9 expression during spontaneous epithelial to neuroblast phenotype conversion by SK-N-SH neuroblastoma cells, involved in enhanced invasivity, depends upon GT-box and nuclear factor kappaB elements. Cell Growth Differ. 1999;10:353-367.

392. Novak U, Cocks BG, Hamilton JA. A labile repressor acts through the NFkB-like binding sites of the human urokinase gene. Nucleic Acids Res. 1991;19:3389-3393.

393. Fox CJ, Hammerman PS, Cinalli RM, Master SR, Chodosh LA, Thompson CB. The serine/threonine kinase Pim-2 is a transcriptionally regulated apoptotic inhibitor. Genes Dev. 2003;17:1841-1854.

394. Mayo MW, Baldwin AS. The transcription factor NF-kappaB: control of oncogenesis and cancer therapy resistance. Biochim Biophys Acta. 2000;1470:M55-62.

395. Bharti AC, Aggarwal BB. Nuclear factor-kappa B and cancer: its role in prevention and therapy. Biochem Pharmacol. 2002;64:883-888.

396. Nakanishi C, Toi M. Nuclear factor-kappaB inhibitors as sensitizers to anticancer drugs. Nat Rev Cancer. 2005;5:297-309.

397. Laurent G, Jaffrezou JP. Signaling pathways activated by daunorubicin. Blood. 2001;98:913-924.

398. Boland MP, Foster SJ, O'Neill LA. Daunorubicin activates NFkappaB and induces kappaB-dependent gene expression in HL-60 promyelocytic and Jurkat T lymphoma cells. J Biol Chem. 1997;272:12952-12960.

399. Bottero V, Busuttil V, Loubat A, et al. Activation of nuclear factor kappaB through the IKK complex by the topoisomerase poisons SN38 and doxorubicin: a brake to apoptosis in HeLa human carcinoma cells. Cancer Res. 2001;61:7785-7791.

400. Bentires-Alj M, Barbu V, Fillet M, et al. NF-kappaB transcription factor induces drug resistance through MDR1 expression in cancer cells. Oncogene. 2003;22:90-97.

401. Patel NM, Nozaki S, Shortle NH, et al. Paclitaxel sensitivity of breast cancer cells with constitutively active NF-kappaB is enhanced by IkappaBalpha super-repressor and parthenolide. Oncogene. 2000;19:4159-4169.

402. Arlt A, Vorndamm J, Breitenbroich M, et al. Inhibition of NF-kappaB sensitizes human pancreatic carcinoma cells to apoptosis induced by etoposide (VP16) or doxorubicin. Oncogene. 2001;20:859-868.

403. Mabuchi S, Ohmichi M, Nishio Y, et al. Inhibition of NFkappaB increases the efficacy of cisplatin in in vitro and in vivo ovarian cancer models. J Biol Chem. 2004;279:23477-23485.

404. Feinman R, Koury J, Thames M, Barlogie B, Epstein J, Siegel DS. Role of NF-kappaB in the rescue of multiple myeloma cells from glucocorticoid-induced apoptosis by bcl-2. Blood. 1999;93:3044-3052.

405. Ni H, Ergin M, Huang Q, et al. Analysis of expression of nuclear factor kappa B (NF-kappa B) in multiple myeloma: downregulation of NF-kappa B induces apoptosis. Br J Haematol. 2001;115:279-286.

406. Hideshima T, Chauhan D, Richardson P, et al. NF-kappa B as a therapeutic target in multiple myeloma. J Biol Chem. 2002;277:16639-16647.

407. Zhou H, Du MQ, Dixit VM. Constitutive NF-kappaB activation by the t(11;18)(q21;q21) product in MALT lymphoma is linked to deregulated ubiquitin ligase activity. Cancer Cell. 2005;7:425-431.

408. Mathas S, Johrens K, Joos S, et al. Elevated NF-kappaB p50 complex formation and Bcl-3 expression in classical Hodgkin, anaplastic large-cell, and other peripheral T-cell lymphomas. Blood. 2005;106:4287-4293.

409. Bargou RC, Leng C, Krappmann D, et al. High-level nuclear NF-kappa B and Oct-2 is a common feature of cultured Hodgkin/Reed-Sternberg cells. Blood. 1996;87:4340-4347.

410. Bargou RC, Emmerich F, Krappmann D, et al. Constitutive nuclear factor-kappaB-RelA activation is required for proliferation and survival of Hodgkin's disease tumor cells. J Clin Invest. 1997;100:2961-2969.

411. Krappmann D, Emmerich F, Kordes U, Scharschmidt E, Dorken B, Scheidereit C. Molecular mechanisms of constitutive NF-kappaB/Rel activation in Hodgkin/Reed-Sternberg cells. Oncogene. 1999;18:943-953.

412. Luftig M, Yasui T, Soni V, et al. Epstein-Barr virus latent infection membrane protein 1 TRAF-binding site induces NIK/IKK alpha-dependent noncanonical NF-kappaB activation. Proc Natl Acad Sci U S A. 2004;101:141-146.

413. Griffin JD. Leukemia stem cells and constitutive activation of NF-kappaB. Blood. 2001;98:2291.

414. Guzman ML, Neering SJ, Upchurch D, et al. Nuclear factor-kappaB is constitutively activated in primitive human acute myelogenous leukemia cells. Blood. 2001;98:2301-2307.

415. Baumgartner B, Weber M, Quirling M, et al. Increased IkappaB kinase activity is associated with activated NF-kappaB in acute myeloid blasts. Leukemia. 2002;16:2062-2071.

416. Bueso-Ramos CE, Rocha FC, Shishodia S, et al. Expression of constitutively active nuclear-kappa B RelA transcription factor in blasts of acute myeloid leukemia. Hum Pathol. 2004;35:246-253.

417. Kordes U, Krappmann D, Heissmeyer V, Ludwig WD, Scheidereit C. Transcription factor NF-kappaB is constitutively activated in acute lymphoblastic leukemia cells. Leukemia. 2000;14:399-402.

418. Furman RR, Asgary Z, Mascarenhas JO, Liou HC, Schattner EJ. Modulation of NF-kappa B activity and apoptosis in chronic lymphocytic leukemia B cells. J Immunol. 2000;164:2200-2206.

419. Baron F, Turhan AG, Giron-Michel J, et al. Leukemic target susceptibility to natural killer cytotoxicity: relationship with BCR-ABL expression. Blood. 2002;99:2107-2113.

420. Reuther JY, Reuther GW, Cortez D, Pendergast AM, Baldwin AS, Jr. A requirement for NF-kappaB activation in Bcr-Abl-mediated transformation. Genes Dev. 1998;12:968-981.

421. Kirchner D, Duyster J, Ottmann O, Schmid RM, Bergmann L, Munzert G. Mechanisms of Bcr-Abl-mediated NF-kappaB/Rel activation. Exp Hematol. 2003;31:504-511.

422. Rayet B, Gelinas C. Aberrant rel/nfkb genes and activity in human cancer. Oncogene. 1999;18:6938-6947.

423. Wood KM, Roff M, Hay RT. Defective IkappaBalpha in Hodgkin cell lines with constitutively active NF-kappaB. Oncogene. 1998;16:2131-2139.

424. Sanz C, Richard C, Prosper F, Fernandez-Luna JL. Nuclear factor k B is activated in myelodysplastic bone marrow cells. Haematologica. 2002;87:1005-1006.

425. Kerbauy DM, Lesnikov V, Abbasi N, Seal S, Scott B, Deeg HJ. NF-kappaB and FLIP in arsenic trioxide (ATO)-induced apoptosis in myelodysplastic syndromes (MDSs). Blood. 2005;106:3917-3925.

426. Sawanobori M, Yamaguchi S, Hasegawa M, et al. Expression of TNF receptors and related signaling molecules in the bone marrow from patients with myelodysplastic syndromes. Leuk Res. 2003;27:583-591.

427. Estrov Z, Shishodia S, Faderl S, et al. Resveratrol blocks interleukin-1beta-induced activation of the nuclear transcription factor NF-kappaB, inhibits proliferation, causes S-phase arrest, and induces apoptosis of acute myeloid leukemia cells. Blood. 2003;102:987-995.

428. Cusack JC, Jr., Liu R, Houston M, et al. Enhanced chemosensitivity to CPT-11 with proteasome inhibitor PS-341: implications for systemic nuclear factor-kappaB inhibition. Cancer Res. 2001;61:3535-3540.

429. Shah SA, Potter MW, McDade TP, et al. 26S proteasome inhibition induces apoptosis and limits growth of human pancreatic cancer. J Cell Biochem. 2001;82:110-122.

221

430. Bold RJ, Virudachalam S, McConkey DJ. Chemosensitization of pancreatic cancer by inhibition of the 26S proteasome. J Surg Res. 2001;100:11-17.

431. Victor FC, Gottlieb AB, Menter A. Changing paradigms in dermatology: tumor necrosis factor alpha (TNF-alpha) blockade in psoriasis and psoriatic arthritis. Clin Dermatol. 2003;21:392-397.

432. Song XY, Torphy TJ, Griswold DE, Shealy D. Coming of age:anti-cytokine therapies. Mol Interv. 2002;2:36-46.

433. Meyer M, Schreck R, Baeuerle PA. H2O2 and antioxidants have opposite effects on activation of NF-kappa B and AP-1 in intact cells: AP-1 as secondary antioxidant-responsive factor. Embo J. 1993;12:2005-2015.

434. Karin M, Yamamoto Y, Wang QM. The IKK NF-kappa B system: a treasure trove for drug development. Nat Rev Drug Discov. 2004;3:17-26.

435. Yemelyanov A, Gasparian A, Lindholm P, et al. Effects of IKK inhibitor PS1145 on NF-kappaB function, proliferation, apoptosis and invasion activity in prostate carcinoma cells. Oncogene. 2006;25:387-398.

436. Tanaka A, Muto S, Konno M, Itai A, Matsuda H. A new IkappaB kinase beta inhibitor prevents human breast cancer progression through negative regulation of cell cycle transition. Cancer Res. 2006;66:419-426.

437. Tanaka A, Konno M, Muto S, et al. A novel NF-kappaB inhibitor, IMD-0354, suppresses neoplastic proliferation of human mast cells with constitutively activated c-kit receptors. Blood. 2005;105:2324-2331.

438. Boccadoro M, Morgan G, Cavenagh J. Preclinical evaluation of the proteasome inhibitor bortezomib in cancer therapy. Cancer Cell Int. 2005;5:18.

439. Frelin C, Imbert V, Griessinger E, et al. Targeting NF-kappaB activation via pharmacologic inhibition of IKK2-induced apoptosis of human acute myeloid leukemia cells. Blood. 2005;105:804-811.

440.  Jimi E, Aoki K, Saito H, et al. Selective inhibition of NF-kappa B blocks osteoclastogenesis and prevents inflammatory bone destruction in vivo. Nat Med. 2004;10:617-624.

441.  Dasgupta S, Jana M, Zhou Y, Fung YK, Ghosh S, Pahan K. Antineuroinflammatory effect of NF-kappaB essential modifier-binding domain peptides in the adoptive transfer model of experimental allergic encephalomyelitis. J Immunol. 2004;173:1344-1354.

442.  Agou F, Courtois G, Chiaravalli J, et al. Inhibition of NF-kappa B activation by peptides targeting NF-kappa B essential modulator (nemo) oligomerization. J Biol Chem. 2004;279:54248-54257.

443.  Carvalho G, Lefaucheur C, Cherbonnier C, et al. Chemosensitization by erythropoietin through inhibition of the NF-kappaB rescue pathway. Oncogene. 2005;24:737-745.

444.  Sors A, Jean-Louis F, Pellet C, et al. Down-regulating constitutive activation of the NF-kappaB canonical pathway overcomes the resistance of cutaneous T-cell lymphoma to apoptosis. Blood. 2006;107:2354-2363.

445.  di Meglio P, Ianaro A, Ghosh S. Amelioration of acute inflammation by systemic administration of a cell-permeable peptide inhibitor of NF-kappaB activation. Arthritis Rheum. 2005;52:951-958.

446.  Kopp E, Ghosh S. Inhibition of NF-kappa B by sodium salicylate and aspirin. Science. 1994;265:956-959.

447.  Yin MJ, Yamamoto Y, Gaynor RB. The anti-inflammatory agents aspirin and salicylate inhibit the activity of I(kappa)B kinase-beta. Nature. 1998;396:77-80.

448.  Pierce JW, Read MA, Ding H, Luscinskas FW, Collins T. Salicylates inhibit I kappa B-alpha phosphorylation, endothelial-leukocyte adhesion molecule expression, and neutrophil transmigration. J Immunol. 1996;156:3961-3969.

449. Yamamoto Y, Yin MJ, Lin KM, Gaynor RB. Sulindac inhibits activation of the NF-kappaB pathway. J Biol Chem. 1999;274:27307-27314.

450. Berman KS, Verma UN, Harburg G, Minna JD, Cobb MH, Gaynor RB. Sulindac enhances tumor necrosis factor-alpha-mediated apoptosis of lung cancer cell lines by inhibition of nuclear factor-kappaB. Clin Cancer Res. 2002;8:354-360.

451. Yasui H, Adachi M, Imai K. Combination of tumor necrosis factor-alpha with sulindac augments its apoptotic potential and suppresses tumor growth of human carcinoma cells in nude mice. Cancer. 2003;97:1412-1420.

452. Wahl C, Liptay S, Adler G, Schmid RM. Sulfasalazine: a potent and specific inhibitor of nuclear factor kappa B. J Clin Invest. 1998;101:1163-1174.

453. Yan F, Polk DB. Aminosalicylic acid inhibits IkappaB kinase alpha phosphorylation of IkappaBalpha in mouse intestinal epithelial cells. J Biol Chem. 1999;274:36631-36636.

454. Egan LJ, Mays DC, Huntoon CJ, et al. Inhibition of interleukin-1-stimulated NF-kappaB RelA/p65 phosphorylation by mesalamine is accompanied by decreased transcriptional activity. J Biol Chem. 1999;274:26448-26453.

455. Keifer JA, Guttridge DC, Ashburner BP, Baldwin AS, Jr. Inhibition of NF-kappa B activity by thalidomide through suppression of IkappaB kinase activity. J Biol Chem. 2001;276:22382-22387.

456. Rossi A, Kapahi P, Natoli G, et al. Anti-inflammatory cyclopentenone prostaglandins are direct inhibitors of IkappaB kinase. Nature. 2000;403:103-108.

457. Straus DS, Pascual G, Li M, et al. 15-deoxy-delta 12,14-prostaglandin J2 inhibits multiple steps in the NF-kappa B signaling pathway. Proc Natl Acad Sci U S A. 2000;97:4844-4849.

458. Adams J. The proteasome: a suitable antineoplastic target. Nat Rev Cancer. 2004;4:349-360.

459. Letoha T, Somlai C, Takacs T, et al. The proteasome inhibitor MG132 protects against acute pancreatitis. Free Radic Biol Med. 2005;39:1142-1151.

460. Alkalay I, Yaron A, Hatzubai A, Orian A, Ciechanover A, Ben-Neriah Y. Stimulation-dependent I kappa B alpha phosphorylation marks the NF-kappa B inhibitor for degradation via the ubiquitin-proteasome pathway. Proc Natl Acad Sci U S A. 1995;92:10599-10603.

461. Pierce JW, Schoenleber R, Jesmok G, et al. Novel inhibitors of cytokine-induced IkappaBalpha phosphorylation and endothelial cell adhesion molecule expression show anti-inflammatory effects in vivo. J Biol Chem. 1997;272:21096-21103.

462. Lin YZ, Yao SY, Veach RA, Torgerson TR, Hawiger J. Inhibition of nuclear translocation of transcription factor NF-kappa B by a synthetic peptide containing a cell membrane-permeable motif and nuclear localization sequence. J Biol Chem. 1995;270:14255-14258.

463. Morishita R, Tomita N, Kaneda Y, Ogihara T. Molecular therapy to inhibit NFkappaB activation by transcription factor decoy oligonucleotides. Curr Opin Pharmacol. 2004;4:139-146.

464. Galluzzi L, Maiuri MC, Vitale I, et al. Cell death modalities: classification and pathophysiological implications. Cell Death Differ. 2007;14:1237-1243.

465. Kerr JF, Wyllie AH, Currie AR. Apoptosis: a basic biological phenomenon with wide-ranging implications in tissue kinetics. Br J Cancer. 1972;26:239-257.

466. Ellis RE, Yuan JY, Horvitz HR. Mechanisms and functions of cell death. Annu Rev Cell Biol. 1991;7:663-698.

467. Jacobson MD, Weil M, Raff MC. Programmed cell death in animal development. Cell. 1997;88:347-354.

468. Majno G, Joris I. Apoptosis, oncosis, and necrosis. An overview of cell death. Am J Pathol. 1995;146:3-15.

469. Reed JC. Mechanisms of apoptosis. Am J Pathol. 2000;157:1415-1430.

470. Hockenbery D. Defining apoptosis. Am J Pathol. 1995;146:16-19.

471. Fadok VA, Voelker DR, Campbell PA, Cohen JJ, Bratton DL, Henson PM. Exposure of phosphatidylserine on the surface of apoptotic lymphocytes triggers specific recognition and removal by macrophages. J Immunol. 1992;148:2207-2216.

472. Thornberry NA, Lazebnik Y. Caspases: enemies within. Science. 1998;281:1312-1316.

473. Ashkenazi A, Dixit VM. Death receptors: signaling and modulation. Science. 1998;281:1305-1308.

474. Locksley RM, Killeen N, Lenardo MJ. The TNF and TNF receptor superfamilies: integrating mammalian biology. Cell. 2001;104:487-501.

475. LeBlanc HN, Ashkenazi A. Apo2L/TRAIL and its death and decoy receptors. Cell Death Differ. 2003;10:66-75.

476. Peter ME, Krammer PH. The CD95(APO-1/Fas) DISC and beyond. Cell Death Differ. 2003;10:26-35.

477. Boldin MP, Varfolomeev EE, Pancer Z, Mett IL, Camonis JH, Wallach D. A novel protein that interacts with the death domain of Fas/APO1 contains a sequence motif related to the death domain. J Biol Chem. 1995;270:7795-7798.

478. Chinnaiyan AM, O'Rourke K, Tewari M, Dixit VM. FADD, a novel death domain-containing protein, interacts with the death domain of Fas and initiates apoptosis. Cell. 1995;81:505-512.

479. Chinnaiyan AM, Tepper CG, Seldin MF, et al. FADD/MORT1 is a common mediator of CD95 (Fas/APO-1) and tumor necrosis factor receptor-induced apoptosis. J Biol Chem. 1996;271:4961-4965.

480. Micheau O, Tschopp J. Induction of TNF receptor I-mediated apoptosis via two sequential signaling complexes. Cell. 2003;114:181-190.

481. Boldin MP, Goncharov TM, Goltsev YV, Wallach D. Involvement of MACH, a novel MORT1/FADD-interacting protease, in Fas/APO-1- and TNF receptor-induced cell death. Cell. 1996;85:803-815.

482. Muzio M, Chinnaiyan AM, Kischkel FC, et al. FLICE, a novel FADD-homologous ICE/CED-3-like protease, is recruited to the CD95 (Fas/APO-1) death--inducing signaling complex. Cell. 1996;85:817-827.

483. Salvesen GS, Dixit VM. Caspase activation: the induced-proximity model. Proc Natl Acad Sci U S A. 1999;96:10964-10967.

484. Sheikh MS, Huang Y. Death receptor activation complexes: it takes two to activate TNF receptor 1. Cell Cycle. 2003;2:550-552.

485. Los M, Wesselborg S, Schulze-Osthoff K. The role of caspases in development, immunity, and apoptotic signal transduction: lessons from knockout mice. Immunity. 1999;10:629-639.

486. Essmann F, Wieder T, Otto A, Muller EC, Dorken B, Daniel PT. GDP dissociation inhibitor D4-GDI (Rho-GDI 2), but not the homologous rho-GDI 1, is cleaved by caspase-3 during drug-induced apoptosis. Biochem J. 2000;346 Pt 3:777-783.

487. Wieder T, Essmann F, Prokop A, et al. Activation of caspase-8 in drug-induced apoptosis of B-lymphoid cells is independent of CD95/Fas receptor-ligand interaction and occurs downstream of caspase-3. Blood. 2001;97:1378-1387.

488.  Cory S, Adams JM. The Bcl2 family: regulators of the cellular life-or-death switch. Nat Rev Cancer. 2002;2:647-656.

489.  Goldstein JC, Waterhouse NJ, Juin P, Evan GI, Green DR. The coordinate release of cytochrome c during apoptosis is rapid, complete and kinetically invariant. Nat Cell Biol. 2000;2:156-162.

490.  Luo X, Budihardjo I, Zou H, Slaughter C, Wang X. Bid, a Bcl2 interacting protein, mediates cytochrome c release from mitochondria in response to activation of cell surface death receptors. Cell. 1998;94:481-490.

491.  Daniel PT, Schulze-Osthoff K, Belka C, Guner D. Guardians of cell death: the Bcl-2 family proteins. Essays Biochem. 2003;39:73-88.

492.  Borner C, Monney L. Apoptosis without caspases: an inefficient molecular guillotine? Cell Death Differ. 1999;6:497-507.

493.  Sperandio S, de Belle I, Bredesen DE. An alternative, nonapoptotic form of programmed cell death. Proc Natl Acad Sci U S A. 2000;97:14376-14381.

494.  Igney FH, Krammer PH. Death and anti-death: tumour resistance to apoptosis. Nat Rev Cancer. 2002;2:277-288.

495.  Kluck RM, Esposti MD, Perkins G, et al. The pro-apoptotic proteins, Bid and Bax, cause a limited permeabilization of the mitochondrial outer membrane that is enhanced by cytosol. J Cell Biol. 1999;147:809-822.

496.  Liu X, Kim CN, Yang J, Jemmerson R, Wang X. Induction of apoptotic program in cell-free extracts: requirement for dATP and cytochrome c. Cell. 1996;86:147-157.

497.  Hajra KM, Liu JR. Apoptosome dysfunction in human cancer. Apoptosis. 2004;9:691-704.

498.  Zou H, Henzel WJ, Liu X, Lutschg A, Wang X. Apaf-1, a human protein homologous to C. elegans CED-4, participates in cytochrome c-dependent activation of caspase-3. Cell. 1997;90:405-413.

499. Du C, Fang M, Li Y, Li L, Wang X. Smac, a mitochondrial protein that promotes cytochrome c-dependent caspase activation by eliminating IAP inhibition. Cell. 2000;102:33-42.

500. Verhagen AM, Ekert PG, Pakusch M, et al. Identification of DIABLO, a mammalian protein that promotes apoptosis by binding to and antagonizing IAP proteins. Cell. 2000;102:43-53.

501. Schimmer AD. Inhibitor of apoptosis proteins: translating basic knowledge into clinical practice. Cancer Res. 2004;64:7183-7190.

502. Suzuki Y, Imai Y, Nakayama H, Takahashi K, Takio K, Takahashi R. A serine protease, HtrA2, is released from the mitochondria and interacts with XIAP, inducing cell death. Mol Cell. 2001;8:613-621.

503. van Gurp M, Festjens N, van Loo G, Saelens X, Vandenabeele P. Mitochondrial intermembrane proteins in cell death. Biochem Biophys Res Commun. 2003;304:487-497.

504. Susin SA, Lorenzo HK, Zamzami N, et al. Molecular characterization of mitochondrial apoptosis-inducing factor. Nature. 1999;397:441-446.

505. Lipton SA, Bossy-Wetzel E. Dueling activities of AIF in cell death versus survival: DNA binding and redox activity. Cell. 2002;111:147-150.

506. Cande C, Cohen I, Daugas E, et al. Apoptosis-inducing factor (AIF): a novel caspase-independent death effector released from mitochondria. Biochimie. 2002;84:215-222.

507. Kroemer G, Reed JC. Mitochondrial control of cell death. Nat Med. 2000;6:513-519.

508. Hong SJ, Dawson TM, Dawson VL. Nuclear and mitochondrial conversations in cell death: PARP-1 and AIF signaling. Trends Pharmacol Sci. 2004;25:259-264.

509. Li LY, Luo X, Wang X. Endonuclease G is an apoptotic DNase when released from mitochondria. Nature. 2001;412:95-99.

510. Hahn HP, Pang M, He J, et al. Galectin-1 induces nuclear translocation of endonuclease G in caspase- and cytochrome c-independent T cell death. Cell Death Differ. 2004;11:1277-1286.

511. Roy S, Nicholson DW. Cross-talk in cell death signaling. J Exp Med. 2000;192:21-26.

512. Slee EA, Adrain C, Martin SJ. Serial killers: ordering caspase activation events in apoptosis. Cell Death Differ. 1999;6:1067-1074.

513. Nunez G, Benedict MA, Hu Y, Inohara N. Caspases: the proteases of the apoptotic pathway. Oncogene. 1998;17:3237-3245.

514. Salvesen GS, Dixit VM. Caspases: intracellular signaling by proteolysis. Cell. 1997;91:443-446.

515. Riedl SJ, Shi Y. Molecular mechanisms of caspase regulation during apoptosis. Nat Rev Mol Cell Biol. 2004;5:897-907.

516. Dragovich T, Rudin CM, Thompson CB. Signal transduction pathways that regulate cell survival and cell death. Oncogene. 1998;17:3207-3213.

517. Reed JC. Bcl-2 family proteins. Oncogene. 1998;17:3225-3236.

518. Tsujimoto Y, Cossman J, Jaffe E, Croce CM. Involvement of the bcl-2 gene in human follicular lymphoma. Science. 1985;228:1440-1443.

519. Adams JM, Cory S. The Bcl-2 protein family: arbiters of cell survival. Science. 1998;281:1322-1326.

520. LaCasse EC, Baird S, Korneluk RG, MacKenzie AE. The inhibitors of apoptosis (IAPs) and their emerging role in cancer. Oncogene. 1998;17:3247-3259.

521. Seglen PO, Bohley P. Autophagy and other vacuolar protein degradation mechanisms. Experientia. 1992;48:158-172.

522. Kim J, Klionsky DJ. Autophagy, cytoplasm-to-vacuole targeting pathway, and pexophagy in yeast and mammalian cells. Annu Rev Biochem. 2000;69:303-342.

523. Edinger AL, Thompson CB. Defective autophagy leads to cancer. Cancer Cell. 2003;4:422-424.

524. Levine B. Eating oneself and uninvited guests: autophagy-related pathways in cellular defense. Cell. 2005;120:159-162.

525. Alva AS, Gultekin SH, Baehrecke EH. Autophagy in human tumors: cell survival or death? Cell Death Differ. 2004;11:1046-1048.

526. Kroemer G, Jaattela M. Lysosomes and autophagy in cell death control. Nat Rev Cancer. 2005;5:886-897.

527. Baehrecke EH. Autophagy: dual roles in life and death? Nat Rev Mol Cell Biol. 2005;6:505-510.

528. Lemasters JJ, Qian T, He L, et al. Role of mitochondrial inner membrane permeabilization in necrotic cell death, apoptosis, and autophagy. Antioxid Redox Signal. 2002;4:769-781.

529. Bellu AR, Kiel JA. Selective degradation of peroxisomes in yeasts. Microsc Res Tech. 2003;61:161-170.

530. Roberts P, Moshitch-Moshkovitz S, Kvam E, O'Toole E, Winey M, Goldfarb DS. Piecemeal microautophagy of nucleus in Saccharomyces cerevisiae. Mol Biol Cell. 2003;14:129-141.

531. Kuma A, Hatano M, Matsui M, et al. The role of autophagy during the early neonatal starvation period. Nature. 2004;432:1032-1036.

532. Lum JJ, Bauer DE, Kong M, et al. Growth factor regulation of autophagy and cell survival in the absence of apoptosis. Cell. 2005;120:237-248.

533. Boya P, Gonzalez-Polo RA, Casares N, et al. Inhibition of macroautophagy triggers apoptosis. Mol Cell Biol. 2005;25:1025-1040.

534. Lemasters JJ, Nieminen AL, Qian T, et al. The mitochondrial permeability transition in cell death: a common mechanism in necrosis, apoptosis and autophagy. Biochim Biophys Acta. 1998;1366:177-196.

535. Martin DN, Baehrecke EH. Caspases function in autophagic programmed cell death in Drosophila. Development. 2004;131:275-284.

536. Kondo Y, Kanzawa T, Sawaya R, Kondo S. The role of autophagy in cancer development and response to therapy. Nat Rev Cancer. 2005;5:726-734.

537. Klionsky DJ, Emr SD. Autophagy as a regulated pathway of cellular degradation. Science. 2000;290:1717-1721.

538. Reggiori F, Klionsky DJ. Autophagy in the eukaryotic cell. Eukaryot Cell. 2002;1:11-21.

539. Levine B, Klionsky DJ. Development by self-digestion: molecular mechanisms and biological functions of autophagy. Dev Cell. 2004;6:463-477.

540. Ogier-Denis E, Codogno P. Autophagy: a barrier or an adaptive response to cancer. Biochim Biophys Acta. 2003;1603:113-128.

541. Anglade P, Vyas S, Javoy-Agid F, et al. Apoptosis and autophagy in nigral neurons of patients with Parkinson's disease. Histol Histopathol. 1997;12:25-31.

542. Tanaka Y, Guhde G, Suter A, et al. Accumulation of autophagic vacuoles and cardiomyopathy in LAMP-2-deficient mice. Nature. 2000;406:902-906.

543. Kalimo H, Savontaus ML, Lang H, et al. X-linked myopathy with excessive autophagy: a new hereditary muscle disease. Ann Neurol. 1988;23:258-265.

544. Liang XH, Jackson S, Seaman M, et al. Induction of autophagy and inhibition of tumorigenesis by beclin 1. Nature. 1999;402:672-676.

545. Noda T, Suzuki K, Ohsumi Y. Yeast autophagosomes: de novo formation of a membrane structure. Trends Cell Biol. 2002;12:231-235.

546. Aubert S, Gout E, Bligny R, et al. Ultrastructural and biochemical characterization of autophagy in higher plant cells subjected to carbon

deprivation: control by the supply of mitochondria with respiratory substrates. J Cell Biol. 1996;133:1251-1263.

547. Mizushima N. Methods for monitoring autophagy. Int J Biochem Cell Biol. 2004;36:2491-2502.

548. Kihara A, Noda T, Ishihara N, Ohsumi Y. Two distinct Vps34 phosphatidylinositol 3-kinase complexes function in autophagy and carboxypeptidase Y sorting in Saccharomyces cerevisiae. J Cell Biol. 2001;152:519-530.

549. Tsukada M, Ohsumi Y. Isolation and characterization of autophagy-defective mutants of Saccharomyces cerevisiae. FEBS Lett. 1993;333:169-174.

550. Thumm M, Egner R, Koch B, et al. Isolation of autophagocytosis mutants of Saccharomyces cerevisiae. FEBS Lett. 1994;349:275-280.

551. Klionsky DJ, Cregg JM, Dunn WA, Jr., et al. A unified nomenclature for yeast autophagy-related genes. Dev Cell. 2003;5:539-545.

552. Ohsumi Y. Molecular dissection of autophagy: two ubiquitin-like systems. Nat Rev Mol Cell Biol. 2001;2:211-216.

553. Qu X, Yu J, Bhagat G, et al. Promotion of tumorigenesis by heterozygous disruption of the beclin 1 autophagy gene. J Clin Invest. 2003;112:1809-1820.

554. Yue Z, Jin S, Yang C, Levine AJ, Heintz N. Beclin 1, an autophagy gene essential for early embryonic development, is a haploinsufficient tumor suppressor. Proc Natl Acad Sci U S A. 2003;100:15077-15082.

555. Okada H, Mak TW. Pathways of apoptotic and non-apoptotic death in tumour cells. Nat Rev Cancer. 2004;4:592-603.

556. Jaattela M. Multiple cell death pathways as regulators of tumour initiation and progression. Oncogene. 2004;23:2746-2756.

557. Bursch W. The autophagosomal-lysosomal compartment in programmed cell death. Cell Death Differ. 2001;8:569-581.

558. Ricci JE, Gottlieb RA, Green DR. Caspase-mediated loss of mitochondrial function and generation of reactive oxygen species during apoptosis. J Cell Biol. 2003;160:65-75.

559. Kanzawa T, Germano IM, Komata T, Ito H, Kondo Y, Kondo S. Role of autophagy in temozolomide-induced cytotoxicity for malignant glioma cells. Cell Death Differ. 2004;11:448-457.

560. Boya P, Andreau K, Poncet D, et al. Lysosomal membrane permeabilization induces cell death in a mitochondrion-dependent fashion. J Exp Med. 2003;197:1323-1334.

561. Shintani T, Klionsky DJ. Autophagy in health and disease: a double-edged sword. Science. 2004;306:990-995.

562. Hassan Z, Fadeel B, Zhivotovsky B, Hellstrom-Lindberg E. Two pathways of apoptosis induced with all-trans retinoic acid and etoposide in the myeloid cell line P39. Exp Hematol. 1999;27:1322-1329.

563. Castedo M, Ferri K, Roumier T, Metivier D, Zamzami N, Kroemer G. Quantitation of mitochondrial alterations associated with apoptosis. J Immunol Methods. 2002;265:39-47.

564. Zamzami N, Kroemer G. Methods to measure membrane potential and permeability transition in the mitochondria during apoptosis. Methods Mol Biol. 2004;282:103-115.

565. Castedo M, Hirsch T, Susin SA, et al. Sequential acquisition of mitochondrial and plasma membrane alterations during early lymphocyte apoptosis. J Immunol. 1996;157:512-521.

566. Zamzami N, Marchetti P, Castedo M, et al. Sequential reduction of mitochondrial transmembrane potential and generation of reactive oxygen species in early programmed cell death. J Exp Med. 1995;182:367-377.

567. Metivier D, Dallaporta B, Zamzami N, et al. Cytofluorometric detection of mitochondrial alterations in early CD95/Fas/APO-1-triggered

apoptosis of Jurkat T lymphoma cells. Comparison of seven mitochondrion-specific fluorochromes. Immunol Lett. 1998;61:157-163.

568. Harborth J, Elbashir SM, Bechert K, Tuschl T, Weber K. Identification of essential genes in cultured mammalian cells using small interfering RNAs. J Cell Sci. 2001;114:4557-4565.

569. Vahsen N, Cande C, Briere JJ, et al. AIF deficiency compromises oxidative phosphorylation. Embo J. 2004;23:4679-4689.

570. Dignam JD, Lebovitz RM, Roeder RG. Accurate transcription initiation by RNA polymerase II in a soluble extract from isolated mammalian nuclei. Nucleic Acids Res. 1983;11:1475-1489.

571. Gonzalez-Polo RA, Carvalho G, Braun T, et al. PK11195 potently sensitizes to apoptosis induction independently from the peripheral benzodiazepin receptor. Oncogene. 2005;24:7503-7513.

572. Mundle SD, Mativi BY, Bagai K, et al. Spontaneous down-regulation of Fas-associated phosphatase-1 may contribute to excessive apoptosis in myelodysplastic marrows. Int J Hematol. 1999;70:83-90.

573. Hirano M, Osada S, Aoki T, et al. MEK kinase is involved in tumor necrosis factor alpha-induced NF-kappaB activation and degradation of IkappaB-alpha. J Biol Chem. 1996;271:13234-13238.

574. Lee FS, Hagler J, Chen ZJ, Maniatis T. Activation of the IkappaB alpha kinase complex by MEKK1, a kinase of the JNK pathway. Cell. 1997;88:213-222.

575. Lin X, Cunningham ET, Jr., Mu Y, Geleziunas R, Greene WC. The proto-oncogene Cot kinase participates in CD3/CD28 induction of NF-kappaB acting through the NF-kappaB-inducing kinase and IkappaB kinases. Immunity. 1999;10:271-280.

576. Wang C, Deng L, Hong M, Akkaraju GR, Inoue J, Chen ZJ. TAK1 is a ubiquitin-dependent kinase of MKK and IKK. Nature. 2001;412:346-351.

577. Qian Y, Commane M, Ninomiya-Tsuji J, Matsumoto K, Li X. IRAK-mediated translocation of TRAF6 and TAB2 in the interleukin-1-induced activation of NFkappa B. J Biol Chem. 2001;276:41661-41667.

578. Shibuya H, Yamaguchi K, Shirakabe K, et al. TAB1: an activator of the TAK1 MAPKKK in TGF-beta signal transduction. Science. 1996;272:1179-1182.

579. Takaesu G, Kishida S, Hiyama A, et al. TAB2, a novel adaptor protein, mediates activation of TAK1 MAPKKK by linking TAK1 to TRAF6 in the IL-1 signal transduction pathway. Mol Cell. 2000;5:649-658.

580. Song HY, Regnier CH, Kirschning CJ, Goeddel DV, Rothe M. Tumor necrosis factor (TNF)-mediated kinase cascades: bifurcation of nuclear factor-kappaB and c-jun N-terminal kinase (JNK/SAPK) pathways at TNF receptor-associated factor 2. Proc Natl Acad Sci U S A. 1997;94:9792-9796.

581. Baud V, Liu ZG, Bennett B, Suzuki N, Xia Y, Karin M. Signaling by proinflammatory cytokines: oligomerization of TRAF2 and TRAF6 is sufficient for JNK and IKK activation and target gene induction via an amino-terminal effector domain. Genes Dev. 1999;13:1297-1308.

582. Yamaguchi K, Shirakabe K, Shibuya H, et al. Identification of a member of the MAPKKK family as a potential mediator of TGF-beta signal transduction. Science. 1995;270:2008-2011.

583. Ninomiya-Tsuji J, Kishimoto K, Hiyama A, Inoue J, Cao Z, Matsumoto K. The kinase TAK1 can activate the NIK-I kappaB as well as the MAP kinase cascade in the IL-1 signalling pathway. Nature. 1999;398:252-256.

584. Jia L, Dourmashkin RR, Allen PD, Gray AB, Newland AC, Kelsey SM. Inhibition of autophagy abrogates tumour necrosis factor alpha induced apoptosis in human T-lymphoblastic leukaemic cells. Br J Haematol. 1997;98:673-685.

585. Qian W, Liu J, Jin J, Ni W, Xu W. Arsenic trioxide induces not only apoptosis but also autophagic cell death in leukemia cell lines via up-regulation of Beclin-1. Leuk Res. 2007;31:329-339.

586. Saeki K, Yuo A, Okuma E, et al. Bcl-2 down-regulation causes autophagy in a caspase-independent manner in human leukemic HL60 cells. Cell Death Differ. 2000;7:1263-1269.

587. Djavaheri-Mergny M, Amelotti M, Mathieu J, et al. NF-kappaB activation represses tumor necrosis factor-alpha-induced autophagy. J Biol Chem. 2006;281:30373-30382.

588. Nakata S, Matsumura I, Tanaka H, et al. NF-kappaB family proteins participate in multiple steps of hematopoiesis through elimination of reactive oxygen species. J Biol Chem. 2004;279:55578-55586.

589. Schepers H, Eggen BJ, Schuringa JJ, Vellenga E. Constitutive activation of NF-kappa B is not sufficient to disturb normal steady-state hematopoiesis. Haematologica. 2006;91:1710-1711.

590. Romano MF, Petrella A, Bisogni R, Turco MC, Venuta S. Effect of NF-kappaB/Rel inhibition on spontaneous vs chemotherapy-induced apoptosis in AML and normal cord blood CD34+ cells. Leukemia. 2003;17:1190-1192.

591. Maiuri MC, Zalckvar E, Kimchi A, Kroemer G. Self-eating and self-killing: crosstalk between autophagy and apoptosis. Nat Rev Mol Cell Biol. 2007;8:741-752.

592. Roninson IB, Broude EV, Chang BD. If not apoptosis, then what? Treatment-induced senescence and mitotic catastrophe in tumor cells. Drug Resist Updat. 2001;4:303-313.

593. Takai D, Jones PA. Comprehensive analysis of CpG islands in human chromosomes 21 and 22. Proc Natl Acad Sci U S A. 2002;99:3740-3745.

594. Fujita N, Takebayashi S, Okumura K, et al. Methylation-mediated transcriptional silencing in euchromatin by methyl-CpG binding protein MBD1 isoforms. Mol Cell Biol. 1999;19:6415-6426.

595. Hendrich B, Abbott C, McQueen H, Chambers D, Cross S, Bird A. Genomic structure and chromosomal mapping of the murine and human Mbd1, Mbd2, Mbd3, and Mbd4 genes. Mamm Genome. 1999;10:906-912.

596. Jenuwein T, Allis CD. Translating the histone code. Science. 2001;293:1074-1080.

597. Kornblith AB, Herndon JE, 2nd, Silverman LR, et al. Impact of azacytidine on the quality of life of patients with myelodysplastic syndrome treated in a randomized phase III trial: a Cancer and Leukemia Group B study. J Clin Oncol. 2002;20:2441-2452.

598. Silverman LR, Demakos EP, Peterson BL, et al. Randomized controlled trial of azacitidine in patients with the myelodysplastic syndrome: a study of the cancer and leukemia group B. J Clin Oncol. 2002;20:2429-2440.

599. Rocchi P, Tonelli R, Camerin C, et al. p21Waf1/Cip1 is a common target induced by short-chain fatty acid HDAC inhibitors (valproic acid, tributyrin and sodium butyrate) in neuroblastoma cells. Oncol Rep. 2005;13:1139-1144.

600. Nebbioso A, Clarke N, Voltz E, et al. Tumor-selective action of HDAC inhibitors involves TRAIL induction in acute myeloid leukemia cells. Nat Med. 2005;11:77-84.

601. Peart MJ, Smyth GK, van Laar RK, et al. Identification and functional significance of genes regulated by structurally different histone deacetylase inhibitors. Proc Natl Acad Sci U S A. 2005;102:3697-3702.

602. Dai Y, Rahmani M, Dent P, Grant S. Blockade of histone deacetylase inhibitor-induced RelA/p65 acetylation and NF-kappaB activation potentiates apoptosis in leukemia cells through a process

mediated by oxidative damage, XIAP downregulation, and c-Jun N-terminal kinase 1 activation. Mol Cell Biol. 2005;25:5429-5444.

603. Shetty S, Graham BA, Brown JG, et al. Transcription factor NF-kappaB differentially regulates death receptor 5 expression involving histone deacetylase 1. Mol Cell Biol. 2005;25:5404-5416.

604. Duan H, Heckman CA, Boxer LM. Histone deacetylase inhibitors down-regulate bcl-2 expression and induce apoptosis in t(14;18) lymphomas. Mol Cell Biol. 2005;25:1608-1619.

605. Bolden JE, Peart MJ, Johnstone RW. Anticancer activities of histone deacetylase inhibitors. Nat Rev Drug Discov. 2006;5:769-784.

606. Johnstone RW. Histone-deacetylase inhibitors: novel drugs for the treatment of cancer. Nat Rev Drug Discov. 2002;1:287-299.

607. Johnstone RW, Licht JD. Histone deacetylase inhibitors in cancer therapy: is transcription the primary target? Cancer Cell. 2003;4:13-18.

608. Kim YK, Lee EK, Kang JK, et al. Activation of NF-kappaB by HDAC inhibitor apicidin through Sp1-dependent de novo protein synthesis: its implication for resistance to apoptosis. Cell Death Differ. 2006;13:2033-2041.

609. Rundall BK, Denlinger CE, Jones DR. Suberoylanilide hydroxamic acid combined with gemcitabine enhances apoptosis in non-small cell lung cancer. Surgery. 2005;138:360-367.

610. Takada Y, Gillenwater A, Ichikawa H, Aggarwal BB. Suberoylanilide hydroxamic acid potentiates apoptosis, inhibits invasion, and abolishes osteoclastogenesis by suppressing nuclear factor-kappaB activation. J Biol Chem. 2006;281:5612-5622.

611. Yu C, Rahmani M, Almenara J, et al. Histone deacetylase inhibitors promote STI571-mediated apoptosis in STI571-sensitive and -resistant Bcr/Abl+ human myeloid leukemia cells. Cancer Res. 2003;63:2118-2126.

612. Yu C, Rahmani M, Conrad D, Subler M, Dent P, Grant S. The proteasome inhibitor bortezomib interacts synergistically with histone deacetylase inhibitors to induce apoptosis in Bcr/Abl+ cells sensitive and resistant to STI571. Blood. 2003;102:3765-3774.

613. Pei XY, Dai Y, Grant S. Synergistic induction of oxidative injury and apoptosis in human multiple myeloma cells by the proteasome inhibitor bortezomib and histone deacetylase inhibitors. Clin Cancer Res. 2004;10:3839-3852.

www.ingramcontent.com/pod-product-compliance
Lightning Source LLC
Chambersburg PA
CBHW021036210326
41598CB00016B/1037